地球・生命
その起源と進化

大谷栄治・掛川 武 著

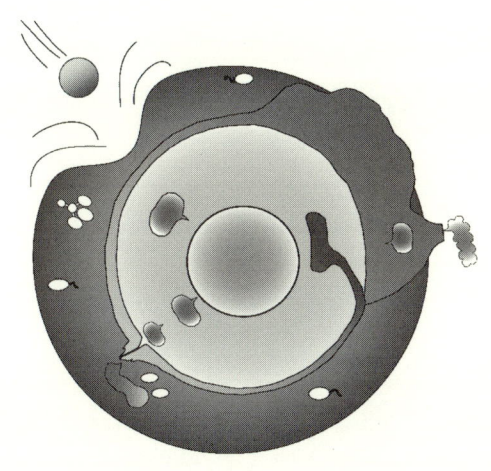

共立出版

|JCOPY| ＜出版者著作権管理機構委託出版物＞
本書の無断複製は著作権法上での例外を除き禁じられています．複製される場合は，そのつど事前に，出版者著作権管理機構（ＴＥＬ：03-5244-5088，ＦＡＸ：03-5244-5089，e-mail：info@jcopy.or.jp）の許諾を得てください．

はじめに
―地球と惑星の物質科学のめざすもの―

　われわれ人類の知的生活は科学技術の発展により，猛スピードで発展している．しかし，人類の"地球"や"太陽系惑星"に関する理解は，いまだに乏しい．インターネットの普及に伴い，知りたいことは何でも簡単に検索できる時代になった．生命体が地球にどのように誕生したのかインターネットで検索しても答えは見つからない．本書のタイトルである『地球・生命：その起源と進化』は地球科学分野のみならず，科学者が共同で回答を見つけなければならない人類の究極の問題でもある．

　本書は，私たちの住む地球の成り立ちを，太陽系の起源と進化のシナリオのなかで見ていく．また，生命の発生と進化についても，地球環境と生命の相互作用という視点から眺める．地球惑星科学において，物質科学的な手法を用いて，太陽系と地球の進化，地球と生命の相互作用の研究が精力的に行われている．本書では，このような手法を用いて明らかにされた話題についてもコラム欄で紹介する．

　2003年から開始された東北大学の21世紀COE地球科学の研究プロジェクト「先端地球科学による地球の未来像の創出」では，地球の進化のダイナミクスを固体地球研究（核マントルダイナミクス，地震火山ダイナミクス），流体地球研究（気候変動ダイナミクス，太陽地球系ダイナミクス），地球進化史研究からなる研究と教育を推進している．本書は，この研究の重要な目標である固体地球研究，流体地球研究，地球進化史研究を融合することを目指して，太陽系の進化のなかでの地球の進化と生命の相互作用を観るという視点でまとめた．本書では，一般的に必要な基礎知識の記述を最小限にとどめ，この分野のダイナミックな研究の進展が感じられるような話題を盛り込んでいる．とくに大学1，2年生レベルで知っておいてほしい知識に関してはブックマーク欄で詳説している．本書を読みこの分野に興味をいだき，この方向の研究に取り組む若人が新たに生まれることを心から期待している．

目　　次

はじめに：地球と惑星の物質科学のめざすもの ……………………………i

第 I 部　太陽系と地球の起源

1. 太陽系のふしぎ………………………………………………………3
   1.1　太陽系をつくるもの：太陽系の元素存在度　3
     1.1.1　宇宙と地球の年齢　3　　　1.1.2　元素の宇宙存在度　6
   1.2　宇宙に広がる生命の起源物質：宇宙は生命の源　9
     1.2.1　隕石の有機化学的研究　9　　1.2.3　宇宙物質を直接研究する方法　13
     1.2.2　電波望遠鏡による研究　10
            　　　　　　　　　　　　　　　a．サンプルリターン計画　13
            　　　　　　　　　　　　　　　b．火星探査機　14
   1.3　太陽系の惑星　14
     1.3.1　地球型惑星と木星型惑星　14　1.3.2　冥王星とプラネトイド"セドナ"　21
       a．地球型惑星　17
       b．木星型惑星　20　　　　　　　1.3.3　木星型惑星の衛星：氷天体のなぞ　21
   1.4　隕石から読む初期の太陽系　22
     1.4.1　小惑星と隕石　22　　　　　1.4.4　珍しい隕石　26
     1.4.2　南極隕石（やまと隕石）　24　　a．火星起源隕石，SNC 隕石　26
     1.4.3　隕石の分類　25　　　　　　　　b．月起源隕石　30
                                     1.4.5　隕石の主要構成鉱物　32

2. 初期太陽系と初期地球の形成過程……………………………………35
   2.1　原始太陽系で生じたこと：ガスから惑星へ　35
     2.1.1　凝縮と蒸発　35　　　　　　2.1.2　揮発性物質として重要な氷　38

2.2 形成期の地球の諸過程：太陽系形成の2つのモデル　39
2.3 地球の形成過程　41
　2.3.1 地球の集積過程・核形成過程とマントルの化学組成　42
　2.3.2 地球の集積とマグマオーシャン　47
　　a．マグマオーシャンとは？　47
　　b．マグマオーシャンの深さ　49
　2.3.3 短期間で起こった地球の核形成？　50
2.4 惑星表面のクレーターと衝突現象　53
　2.4.1 ジャイアントインパクト：月の形成　53
　2.4.2 惑星表面のクレーターと衝突現象　54
　2.4.3 地球における隕石重爆撃の証拠　57

3. 地球物質とその性質 …………58

3.1 地球の層構造　58
3.2 地球内部構造と地球内部のダイナミクス　61
3.3 地球をつくる物質と相転移　63
　3.3.1 地殻をつくる物質と化学組成　63
　3.3.2 マントルの化学組成と鉱物組成　67
　　a．マントルの化学組成　67
　　b．マントルの鉱物組成：カンラン岩をつくる鉱物　69
　3.3.3 マントルにおけるマグマの発生　71
　3.3.4 マグマの密度：地球内部ではマグマは沈む　71
3.4 地球内部の動きのなぞ：相転移と流れる固体　72
　3.4.1 地球内部の相転移　72
　　a．マントル物質の相転移　72
　　b．沈み込む海洋地殻の相転移　76
　3.4.2 地球内部は宝石箱：ダイヤモンドに刻まれた記録　79
　3.4.3 氷河の流れとマントルの流れのなぞ：固体も流動する．80
　3.4.4 岩石を柔らかくする水の作用とマントル内部の水　82
3.5 地球中心部のフロンティア：地球中心核を探る　83

- 3.5.1 核マントル境界では何が起こっているのか　*83*
- 3.5.2 地球中心核　*85*
- 3.5.3 外核を対流させる熱源　*86*
- 3.5.4 地球のエネルギー収支の謎：核からマントルへの熱流，そして核の進化史　*88*
- 3.5.5 地球磁場：ダイナモ　*91*
- 3.6 地球の進化とダイナミクス：プレートテクトニクスとプルームテクトニクス　*91*

第Ⅱ部　生命の誕生と進化

4. 生命誕生へ向けての準備 …………………97
- 4.1 隕石による重爆撃の停止　*97*
- 4.2 最初の大陸地殻の形成　*98*
- 4.3 世界最古の大陸：地球が冷えた証拠　*98*
- 4.4 安定海洋の登場　*101*
- 4.5 最初の大気に関する問題　*106*
  - 4.5.1 セーガン博士の考え　*107*
  - 4.5.2 キャスティング博士の考え　*109*

5. 生命の誕生：化学進化 …………………111
- 5.1 さまざまな化学進化仮説　*111*
  - 5.1.1 アミノ酸　*112*
  - 5.1.2 ミラーの実験　*113*
  - 5.1.3 ペプチドからタンパク質へ　*116*
  - 5.1.4 核酸とRNAワールド　*121*
  - 5.1.5 機能と構造の伝達：鉱物からのメッセージ　*124*
  - 5.1.6 細胞へ　*125*
  - 5.1.7 海底熱水場での有機合成　*126*
- 5.2 現存する生命に残された生命起源へのヒント　*134*
  - 5.2.1 共通の祖先　*134*
  - 5.2.2 独立栄養化学合成　*134*
  - 5.2.3 極限環境に生きる微生物：初期生命体へのヒント？　*135*
  - 5.2.4 リボソームRNA（rRNA）による分類　*140*
  - 5.2.5 酵素：酵素のもとは鉱物？　*142*

- 5.2.6 タンパク質の中のアミノ酸の種類とキラリティー　*144*
- 5.2.7 L型アミノ酸は宇宙から？　*145*
- 5.2.8 天然の結晶を用いた右型・左型アミノ酸の分離　*146*

6. 主役たちが共存しあう：生命と地球の共進化 ……………149
- 6.1 岩石に刻まれた初期生命体の活動　149
  - 6.1.1 岩石に残された最初の生命体の痕跡　*149*
  - 6.1.2 世界最古の微化石を巡る論争：オーストラリア・ピルバラ地域　*150*
  - 6.1.3 最古のストロマトライト　*155*
  - 6.1.4 バイオミネラライゼーションの開始　*157*
- 6.2 海洋・大気の酸化：生物の多様性へ　158
  - 6.2.1 生物による海洋・大気の酸化の開始：地球らしい大気に　*158*
  - 6.2.2 海洋の酸化と縞状鉄鉱層　*161*
  - 6.2.3 微生物の多様性：住み分けの開始　*166*
  - 6.2.4 真核生物の本格的活動　*168*
  - 6.2.5 酸化的環境下での元素循環の確立　*169*
    - a. 現在の地球表層での硫黄循環　*169*
    - b. 初期地球における硫黄循環　*171*

7. 生命存亡の危機と動物の発生 ……………173
- 7.1 スノーボールアース　173
- 7.2 縞状鉄鉱層：ふたたび　178
- 7.3 カンブリア紀の生命大爆発：動物支配の開始　180

第Ⅲ部　太陽系に生命を求める：生命起源説の検証

8. 宇宙における生命の可能性 ……………185
- 8.1 アストロバイオロジーとは？　185
- 8.2 火星に生命？　186

8.3　木星・土星の衛星での有機化学反応　187
　　8.3.1　エウロパ　187　　　　8.3.2　タイタンに生命？　188

参考文献 ……………………………………………………191

索　引 ……………………………………………………193

ブックマーク目次

ブックマーク1：放射性同位体　5
ブックマーク2：鉱物の骨組み　17
ブックマーク3：コンドライトの細分　29
ブックマーク4：マグマの活動で形成される岩石　32
ブックマーク5：元素の分配　42
ブックマーク6：酸素分圧とバッファ曲線　43
ブックマーク7：変成作用　64
ブックマーク8：DNA，RNA，ATP　123
ブックマーク9：海底熱水の化石：黒鉱鉱床　133
ブックマーク10：安定同位体　151

コラム目次

コラム 1：フィッシャー-トロプシュ型反応　12
コラム 2：惑星の軌道とティティウス-ボーデの法則　18
コラム 3：惑星内部の温度分布と密度　20
コラム 4：新鉱物：ザイフェルタイトとアキモトアイト　34
コラム 5：地球内部を実験室で再現する　51
コラム 6：原始海洋・大気の起源　56
コラム 7：アダムス-ウイリアムソンの関係式　59
コラム 8：マントル遷移層は地球の貯水池？　60
コラム 9：新しい分析機器の導入と地質学　67
コラム 10：地震波速度の不連続面と温度-圧力標準　75
コラム 11：鉱物に記録された履歴：成長と溶解　78
コラム 12：ダイヤモンド起源論の新展開：ダイヤモンドのマントル遷移層胚胎仮説　79
コラム 13：熱い氷　83
コラム 14：ポストペロブスカイト　84
コラム 15：天然原子炉のなぞ：オクロ鉱山　87
コラム 16：ニュートリノで地球内部を観る　90
コラム 17：セーガン博士の業績　110
コラム 18：ユーリー博士の業績　115
コラム 19：粘土鉱物の不思議な性質　119
コラム 20：バイオマーカー　164
コラム 21：縞状鉄鉱層の鉱山　165
コラム 22：初期地球環境だけで起こった質量非依存性同位体分別　172
コラム 23：原生代の隕石衝突と巨大マグマ活動　179

第 I 部

太陽系と地球の起源

第1章

太陽系のふしぎ

1.1 太陽系をつくるもの：太陽系の元素存在度

1.1.1 宇宙と地球の年齢

　宇宙の歴史は約100～200億年といわれている．ビッグバンが起こり，元素が形成され，何回かの恒星の生成と爆発を繰り返して現在の太陽系が生まれたと考えられている．太陽系がどのように形成されたかは，後の章で詳しく解説する．太陽系ができる過程で，ある物質は地球などの惑星として成長し，あるものは隕石や塵として，いまだに宇宙空間を漂っているものがある．地球などの惑星は，形成された当時から変化を重ねて現在に至っている．そうした惑星には太陽系形成時の情報が残されているものは少ない．その一方で，宇宙空間を漂う隕石には太陽系が形成され始めたころの情報が保存されているケースがしばしば存在する．太陽系が形成され始めた年齢に関する情報も隕石に保存されている場合がある．それでは，太陽系や地球の年齢はどのようにして決められるのであろうか？

　地層や岩石の年代を知るには，いくつかの手法が存在する．放射性元素を用いる手法が一般的に受け入れられている方法である．たとえば，核燃料で用いられているウランは，何もしなくても別の元素に変わる．いま，ウラン（U）がα線を放出し，質量を失い鉛（Pb）になる反応（**放射壊変**）を想定しよう．

^{238}U が放射壊変するとき，^{206}Pb などがつくられる．それに対して ^{204}Pb は ^{238}U の放射壊変には関係しない鉛の**同位体**である．放射壊変が進むほど，もともとの組成に比べ，^{206}Pb の量が圧倒的に多くなる．すなわち，鉛の ^{206}Pb/^{204}Pb の比は，放射壊変が進むほど，高くなる．放射壊変によって ^{206}Pb がどんどん増えるからである．この ^{206}Pb 増加量は時間の関数で表される．すなわち ^{206}Pb などの増加量を測り，それが増えるためにどれだけの時間を必要とするかを計算すれば，その岩石の年代を知ることができるのである．

この**放射性同位体年代測定法**を用いて隕石の年齢を測ると，多くが 46 億年の年齢を示す．逆に 46 億年よりも古い年代を示す物質が見つからないことから，太陽系の始まりは 46 億年前であると考えられている．地球も 46 億年前ころに形成されたと考えられる．これは，カリフォルニア工科大学の物理学者パターソン博士らが現在の地球を構成している物質の Pb-Pb 放射性同位体測定を精力的に行い，1950 年代に提案した．その後の研究からより精度の高い地球の年齢が決められてきている．

現在地球上で見つかっている最古の鉱物は西オーストラリアに産するジルコン（ZrSiO$_4$）とよばれる鉱物である．この年齢は 42.5 億年であった．最古の岩石の年齢は 40〜38 億年であり，カナダやグリーンランドから見い出されている．これらの地域はたいへん古い地殻である．これらの最古の鉱物や岩石を調べることによって，地球形成初期の諸過程を解明することができる．地球上の岩石や地層の年齢は，徹底的に分析され，どの時代の岩石がどこにあるのか，その分布様式は，ほぼ確立されている．

46 億年前から現在に至るまで，地球の歴史はいくつかに細分化されている．時代区分は膨大な数の岩石に対する年代測定に基づいている．46 億年前から 40 億年ころまでは**冥王代**（Hadean）とよばれる．冥王代に形成された地層を現在の地球に見い出すことはできない．その後，25 億年前までを**太古代**（Archean）という．太古代の地層は世界各地に残されている．25 億年から 5 億 4 千 5 百万年前までを**原生代**（Proterozoic）とよび，太古代と原生代を合わせて**先カンブリア時代**（Precambrian）とよぶ．それから現在に至る時代を**顕生代**（Phanerozoic）とよぶ（図 1）．

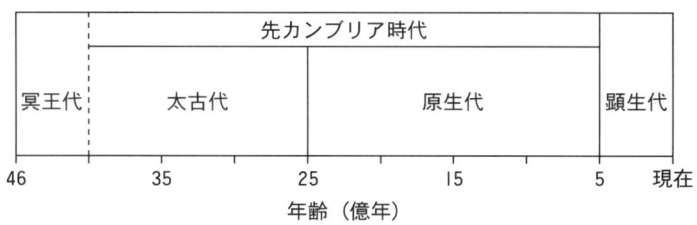

図1 地球史における年代名

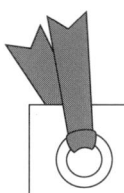

ブックマーク1：放射性同位体

放射性同位体年代測定法のひとつにルビジウム（Rb）とストロンチウム（Sr）を組み合わせて用いるものがある．^{87}Rb は ^{87}Sr に放射壊変する．たいがいの岩石には，Rb や Sr が含まれ，岩石の中で放射壊変が進行する．Rb が放射壊変し，新たに生成される放射性同位体 ^{87}Sr の量は以下の式で表現される．

$$^{87}Sr_t = {}^{87}Sr_i + {}^{87}Rb(e^{\lambda t} - 1)$$

λ は壊変定数とよばれ，元素ごとに決まっている定数である．t は放射壊変がスタートして現在に至るまでの時間である．$^{87}Sr_i$ は放射壊変する前の ^{87}Sr 量で，$^{87}Sr_t$ は ^{87}Rb からつくられた ^{87}Sr と $^{87}Sr_i$ の総和であり，t 時間後に岩石に含まれる ^{87}Sr 量である．このとき，放射壊変で生じる元素を**娘核種**（この場合 ^{87}Sr），娘核種を生むもとになる元素を**親核種**（この場合，^{87}Rb）とよぶ．親核種が娘核種に変わる時間は，元素ごとに異なる．親核種が半分の量になる時間を**半減期**とよび，^{87}Rb/^{87}Sr，^{147}Sm/^{143}Nd（Sm：サマリウム，Nd：ネオジム）はそれぞれ約 500 億年，1000 億年の半減期をもつ．30 億年など非常に古い時代の地層の年代測定には半減期が長いものが適する．最近では ^{187}Re/^{187}Os（Re：レニウム，Os：オスミウム），^{182}Hf/^{182}W（Hf：ハフニウム，W：タングステン）などの非常に微少量しか岩石に含まれていない元素の放射性同位体も議論に用いられる．放射性同位体組成は放射性壊変にかかわらない同位体の比（たとえば ^{87}Sr/^{86}Sr 比）で表現したり，ε（イプシロン）とよばれる表示法（たとえば，ε^{143}Nd）を用いたりする．

1.1.2 元素の宇宙存在度

太陽系の質量の 99% 以上は太陽に集まっている．したがって，太陽系の化学組成は太陽の組成と考えてもよい．太陽の組成は太陽大気の組成を測定することによって得られている．この組成を**宇宙存在度**（solar abundance）とよぶ．他方，太陽系の元素組成は原始的な隕石の組成からも推定することができる．これを **C1 コンドライト存在度**という．C1 コンドライトは未分化な（鉄とケイ酸塩が分離していない）隕石であるコンドライトのなかのもっとも原始的な隕石であると考えられ（1.4.3 項参照），太陽系を代表する隕石と考えられている．太陽系形成時の情報を保存している隕石である．Solar abundance と C1 コンドライト存在度は，揮発性元素を除いてよく一致する．C1 コンドライトは岩石からなっているので，揮発性の元素やガス成分（たとえば水素（H），ヘリウム（He），希ガスなど）は C1 コンドライト存在度には乏しい．

図 2 に元素の**宇宙存在度**を示す．この図では，ケイ素（Si）が 10^6 個存在す

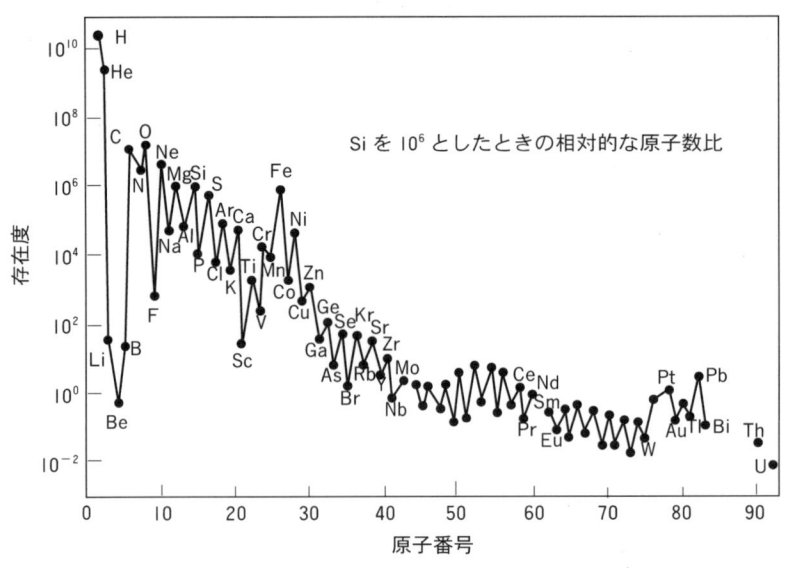

図 2 元素の宇宙存在度

るとして，それに対する元素存在度を示している．元素の存在量は，その種類によって 10^{12} もの幅があることがわかる（図2）．宇宙存在度の第1の特徴は原子番号の大きな元素の存在度が少ないことである．宇宙存在度において水素がもっとも多く，**核融合反応**によって原子番号が大きな元素が形成され，鉄（Fe）までの元素ができる．これより質量の大きな元素は中性子捕獲などのプロセスによって第2世代の星のなかで形成される．一方，原子番号の大きな元素であるウランやトリウム（Th）が分裂して原子番号の小さな原子ができるのが**核分裂反応**である．鉄がもっともエネルギー状態が低く安定である．したがって鉄の存在度が他に比べて大きく，ここに宇宙存在度の一つのピークが存在する．宇宙存在度のなかで鉄が多いことは，地球型惑星の**核**をつくるのは鉄であるという強い根拠になっている．地球の中心核はかつて，ケイ酸塩鉱物が高圧のもとで金属化したものであるという説が提案された．現在は宇宙存在度のなかで鉄が多いこと，隕鉄（金属鉄を主成分とする隕石）が存在することなどの理由により，中心核は主として鉄とニッケル（Ni）の合金からなると考えられている．

第2の特徴は，元素の存在度は偶数番号の元素が両脇の奇数番号の元素よりも多いことである．たとえば，宇宙存在度において，ケイ素，マグネシウム（Mg），鉄，カルシウム（Ca），チタン（Ti），クロム（Cr），ニッケルなどが相対的に多く存在する．地球をつくる主要な元素，酸素（O），Si，Mg，Fe，Ni，Caはすべて偶数番号である．生命体に不可欠な炭素（C）も，原子番号が偶数の元素である．地球の主要元素で奇数番号の元素はアルミニウム（Al），カリウム（K）などである．核物理学の理論により偶数番号の元素は奇数番号よりも安定であることが知られている．このような宇宙存在度の特徴は**オッド-ハーキンス（Oddo-Harkins）の規則**とよばれている．

宇宙存在度に表れる元素は太陽系内では，どのような分布様式をしているのであろうか．水素，ヘリウム（He），ネオン，炭素，窒素（N）などの揮発性元素は**木星型惑星**を構成している．**地球型惑星**はO，Si，Mg，Feなどの元素から形成される．また宇宙存在度の特徴は表1のように表すこともできる．この表から明らかなように，氷成分は，氷（H_2O）0.00694，メタン（CH_4）0.000434，アンモニア（NH_3）0.00111となっており，木星や土星の衛星はこ

表1 ガス・氷・岩石・金属成分の宇宙存在度

物質	質量分率	合計
ガス成分		
H	0.7603	0.98
He	0.2239	
氷成分		
H_2O	0.00694	
CH_4	0.00434	0.01237
NH_3	0.00111	
岩石・金属成分		
SiO_2	0.00133	
MgO	0.00094	0.00343
Fe	0.0011	
Ni	0.00006	

のような氷成分からなっている．一方，地球型惑星の主成分である酸化ケイ素（SiO_2）は 0.00133 であり，酸化マグネシウム（MgO）は 0.00094，核をつくる鉄とニッケルの合金は，0.0012 程度の存在度である．宇宙存在度の 0.00343 が岩石や金属からなるのである．大半はガスと氷である．

太陽系には惑星や衛星以外に彗星も存在する．彗星の構成成分は，氷 39%，有機物 31%，鉱物 30% のような量比で存在する．このことから太陽系において有機物が重要な構成成分をなしている可能性がある．彗星が惑星に衝突すると，彗星から有機物が供給され，惑星は有機物に富むようになる．このように太陽系には生命の材料物質が大量に存在するのである．

宇宙に存在するとされる元素の同位体の比は，太陽系に存在する物質どうしでもわずかに変動する．しかしながら，隕石の中には異常な化学的性質を示す粒子（グレイン）が存在することが 1960 年代から知られていた．こうした粒子は，しばしば特異的な酸素同位体（$^{18}O/^{17}O$）の比率や，キセノン（Xe），ネオン（Ne）の同位体組成をもつ．このような粒子は太陽系以外または，太陽系の形成以前に起源をもつものと考えられ，**プレソーラーグレイン**とよばれている．

1.2 宇宙に広がる生命の起源物質：宇宙は生命の源

　地球の大きさに比べ，宇宙という空間は桁違いに大きい．宇宙はとかく無機的な世界と考えられがちである．しかし，そのような宇宙空間においても，さまざまな有機物質の存在が知られるようになってきた．原始的な隕石（コンドライト）において，炭素はさまざまな形で存在する．炭素と水素が結合して巨大分子化したものや，さまざまなアミノ酸なども検出されている．生命の起源物質である有機物は，原始的な隕石によって運ばれてきた可能性もある．また，炭素はこのほかにダイヤモンドや炭化ケイ素（SiC）の微小な粒子としても存在する．ダイヤモンドや炭化 SiC の一部はプレソーラーグレインとして含まれる場合がある．

1.2.1 隕石の有機化学的研究

　過去の隕石の研究は，隕石がどのような化学組成をしているか，どのような鉱物が入っているかなどに焦点が当てられてきた．いわば無機的な側面が強調されてきた．その一方で隕石を有機化学の対象とする研究者も数多く存在した．炭素質コンドライトと分類される隕石には，有機炭素が入っていることが 19 世紀までの研究で知られていた．1803 年にフランスに落下したアレー隕石をスウェーデンの化学者ベルセリウスが分析し，1834 年に隕石有機化合物の最初の報告をしている．隕石の有機化学的研究が進むにつれて，アミノ酸が隕石中に見い出されるという報告は世界を驚かせた．

　しかし，1960 年代ころまでになされた努力は，疑いの目で見られることになった．隕石から有機系分子を抽出する過程で，野外における隕石の採集，実験室への運搬，隕石の粉末化，化学処理とさまざまな工程を経なければならない．この過程で，人間が素手で触ったり，微生物などが生えたり，ホコリをかぶるなどすると，現在生きている生命体の有機系分子が隕石に付着することになる．苦労して得られた有機系分子のデータのほとんどが，こうした地球上物質による汚染であることが判明した．そうしたなか，地球上の物質からの汚染を極力抑えて，試料を採集し，分析する努力がなされた．その結果，隕石に本

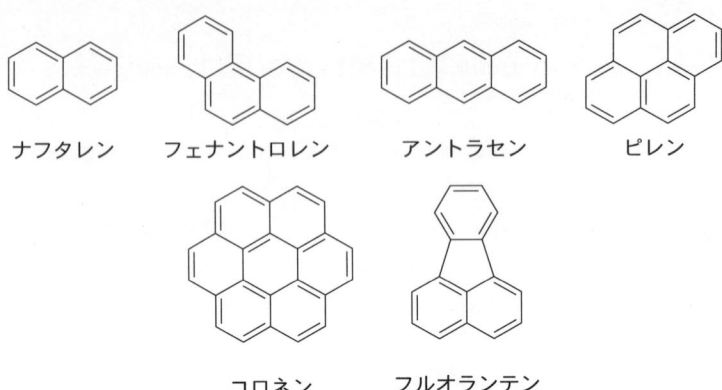

図3　代表的な多環芳香族炭化水素（PAH）

当にアミノ酸が含まれていることが証明された．研究を重ねるにつれて，宇宙空間にアミノ酸がふんだんにあることが明らかになった．

　アミノ酸のほかに隕石中に多い有機分子が**PAH**とよばれる物質である．**P**oly**n**uclear **A**romatic **H**ydrocarbon（多環芳香族炭化水素）の頭文字をとって命名されている．基本的にベンゼン環がいくつも連なってできる物質で，ナフタレンなどが代表例である（図3）．現在の地球上では自然界に存在するPAH（生物の遺骸などが燃焼したときの生成物など）と人為的に形成されるPAH（石油の燃焼など）がある．多くの隕石物質になぜPAHが多いのか謎であるが，宇宙空間における有機化学反応を考えるうえで重要な物質であろう．このほかにも構造が単純なグラファイトや炭化水素なども含まれていることがわかってきた．

1.2.2　電波望遠鏡による研究

　われわれが日ごろ，目にしている光は一種の波であると考えられている．電場が磁場を誘起し，お互いが誘起しながら伝搬していく．その軌跡は山と谷が連なった波のようになる．光の波長は波の谷から谷，もしくは山から山にかけての距離でλ（ラムダ）の記号で表す．光の振動数とは，1秒間に振動する回数をいう．つまり，光が1秒間に，ある場所を過ぎていく波の数をいう．これを周波数ともよび，通常，ヘルツ（Hz）単位で表される．これらの波長およ

表2　電磁波と波長の関係

名　称	振動波数/Hz	波　長
電　波	3×10^{11} 以下	0.1 cm 以上
赤外線	$6\times10^{10}\sim3.75\times10^{14}$	0.5 cm〜0.8 μm
可視光線	$3.75\times10^{14}\sim7.5\times10^{14}$	0.8 μm〜0.4 μm
紫外線	$7.5\times10^{14}\sim1\times10^{16}$	0.4 μm〜0.03 μm
X　線	$3\times10^{15}\sim5\times10^{19}$	0.1 μm〜0.06 Å
ガンマ線	$1.9\times10^{19}\sim2\times10^{23}$	0.016 Å〜0.000012 Å
宇宙線	10^{24} 以上	10^{-14} cm 以下

1 Å $=10^{-10}$ m.

び振動数をもとに光は分類され，異なった名称をもつ（表2）．赤外線，可視光線，紫外線，X 線などである．そのなかで波長が 0.1 cm よりも大きな電磁波を電波とよぶ．

　宇宙から，さまざまな電波が地球に飛来してきている．古い星が爆発し新しい銀河系を形成するような環境では，実に多くの化学反応や物理現象が起こっている．この過程で，巨大なエネルギーが外部にかけて放出され，多くの電波を発することになる．**電波望遠鏡**は宇宙からもたらされるそうした電波をキャッチし，どのような物質が電波源かを特定する望遠鏡である．

　日本での電波望遠鏡を用いた研究は盛んであり，八ヶ岳山麓に位置する野辺山の電波望遠鏡は世界が注目する成果を上げてきている．外国においてもハワイなど空気が澄んでいる地域に大型で高精度の電波望遠鏡が設置されている．電波望遠鏡ではるか彼方の惑星や銀河系の観察を行っているが，この電波望遠鏡を用いて有機系分子が発する電波も感知できる．有機系分子は，10^9 Hz くらいの短波といわれる領域の電波を発する．現在まで，わかっているだけでも，数多くの有機化合物が同定されている．炭素と窒素の化合物，炭素と水素の結合をもった物質，PAH などをはじめ，炭化水素鎖，アミノ酸，さらに糖なども見つかったとする報告もある（表3）．

　太陽系などが形成されるためには超新星の爆発が必要であると考えられている．電波望遠鏡は，超新星が爆発して新たな系が形成される現場の電波を捕らえている．宇宙空間の中で有機系物質がもっともよく確認されるのは超新星の爆発場で，星間分子が濃集している場所である．太陽系などが形成され始める

表3 これまでに電波望遠鏡で観測された代表的星間分子（2004年6月現在）

水素化合物, 酸化物, 硫化物など				
CS	CO	NH_3	PN	SiO
SiS	SO_2	N_2O	H_2S	H_2O
OCS	CO_2			

アルデヒド, アルコール, エーテル, ケトン, アミドなど				
H_2CO	CH_3OH	HCOOH	CH_2NH	H_2C_3
H_2CS	CH_3CH_2OH	$HCOOCH_3$	CH_3NH_2	H_2C_4
CH_3CHO	CH_3SH	CH_3COOH	NH_2CN	H_2C_6
NH_2CHO	$(CH_3)_2O$	CH_2OHCHO	H_2CCO	$(CH_3)_2CO$

環状分子				
$c\text{-}C_3H_2$	$c\text{-}SiC_2$	$c\text{-}C_3H$	$c\text{-}C_2H_4O$	

分子イオン				
HCO^+	$HCNH^+$	H_3O^+	HN_2^+	HCS^+
$HOCO^+$	HC_3NH^+	HOC^+	H_3^+	CO^+
H_2COH^+	SO^+			

理科年表 2005（丸善）から抜粋

● コラム1 ●

フィッシャー-トロプシュ型反応

　1920年ころ，ドイツで工業的に石油を生産する手法を開発しようとした．すでにフィッシャー博士が考えていたモデルにトロプシュ博士が改良を加え，実現した化学反応である．鉄やコバルト（Co）などの遷移金属元素を触媒にし，一酸化炭素（CO）ガスなどを高温・高圧で反応させると，メタンをはじめとするアルカン，LPG（液化プロパンガス），油脂などの有機分子が生じることが知られていた．わずかではあるがアルコールも精製される．この方法によって燃料となる物質の精製に成功したわけである．一般にこうした反応をフィッシャー-トロプシュ（Fischer-Tropsch）型反応とよぶ．しかし反応に要する経費がかさむため実用化はされてこなかった．その一方で現在でも南アフリカなどを中心に石油に代わるエネルギーとしてフィッシャー-トロプシュ燃料の開発が進んでいる．初期地球環境においてもフィッシャー-トロプシュ型反応が起こっており，炭化水素などをつくってきた可能性が指摘されている．

ときは，星間分子が凝集し，さまざまな無機粒子（結晶）が形成される．この結晶と炭素を含むガス成分（一酸化炭素（CO），メタン（CH_4）など）が反応すると，簡単に石墨（グラファイト）や炭化水素ができてしまう．結晶を触媒にし，炭素を含んだガス成分からグラファイトなどを生成する反応を一般に**フィッシャー－トロプシュ型反応**とよぶ．星間分子雲の中で観察される有機物の生成メカニズムはわかっていない．しかし，フィッシャー－トロプシュ型反応で有機系分子が形成された可能性がある．そのほかにも単にガス凝集過程のイオンどうしのぶつかり合いで生成するとする説や，放電反応（ユーリー－ミラー型反応：5.1.2節参照）で生成されたとする説，かつての母天体内での生成説などが存在する．

1.2.3 宇宙物質を直接研究する方法

隕石を用いた有機分子の研究や，電波望遠鏡を用いた研究はいわば，間接的に宇宙を知ろうとする研究である．一方的に地球にもたらされる情報に依存するしかなく，こうした受け身的な研究では，情報に偏りが生じる可能性がある．われわれ人類が直接，宇宙に出向き研究する試みが進行しつつある．

a. サンプルリターン計画

太陽系が形成されたとき，多量の塵（**宇宙塵**）が形成された．宇宙塵は直径が 0.1 mm に満たない粒子である．現在でも宇宙塵は宇宙空間を漂っている．現在の地球にもこの宇宙塵は年間1万トンも降り注いでいる．太陽系が形成されたころ，塵どうしは互いにくっつき合い，大きな質量をもつ固体へと変化していった．ある程度の大きさに成長したが，惑星サイズにまで成長しきれなかった小惑星も存在している．この小惑星に人工衛星を送ったり，小惑星に分析器を直接持って行ったり，場合によっては試料を回収したりする技術をわれわれ人類はもつに至った．こうした研究の先導的役割がアメリカ航空宇宙局（NASA）によってなされている．2004年の冬にはNASAの彗星探査機"スターダスト"が彗星の雲に含まれる微粒子の採集に成功した．2006年の冬には，その微粒子を地球に持ち帰る予定である．こうして宇宙に漂う物質を直接回収し，地球に持ち帰り研究する計画がサンプルリターン計画である．しかし，小惑星のかけらを持ち帰るプロジェクトは，日本が世界に先駆けて行って

いる．2003年春に宇宙航空研究開発機構の人工衛星"MUSES-C（はやぶさ）"が打ち上げられた．イトカワと名づけられた小惑星を目指し，2005年夏には，この小惑星に着陸した．"MUSES-C"はさまざまな観測機器，試料回収機器を搭載している．一通りの作業を終えた後に，2010年に地球に試料を持ち帰ってくる手はずになっている．

b. 火星探査機

アメリカのNASAを中心に火星に無人探査船を送る計画が進行し，NASAは過去3回にわたり成功している．火星に送られた無人探査船には，火星の表面を自由に動きまわれるロボットが備わっている．このロボットはマーズパスファインダー・ローバーとよばれ，1号機，2号機がそれぞれ"スピリツ""オポチュニティー"と名づけられている．1メートル四方の箱に納まってしまうような小さなロボットであり，地球と電波で交信しながら仕事をする．このロボットには，火星表面を撮影して，その映像を地球に送る簡単な設備から，岩石を削り取り，それにX線を照射して組成分析する機能まで備え付けられている．火星から直接送られてくるデータには，驚くべきものが多く含まれている（8.2節参照）．

1.3 太陽系の惑星

1.3.1 地球型惑星と木星型惑星

図4に太陽系の惑星の分布を示す．太陽系には水星，金星，地球，火星，木星，土星，天王星，海王星，冥王星の9個の惑星が存在する．冥王星の軌道は大きくゆがんだ楕円で海王星の内側に入ることもある．これらの惑星は大きく地球型惑星と木星型惑星の2つに分けられる．表4に太陽系の惑星の特徴をまとめてある．

水星，金星，火星は地球と同様に，SiO_4四面体を結晶構造の骨格とする**ケイ酸塩鉱物**（図5）や金属鉄から構成されている．このように地球によく似た物質から構成されている惑星を**地球型惑星**（terrestrial planets）という．地球型惑星の主要成分はO, Mg, Si, Feからなり，O, Mg, Siは酸化物の形

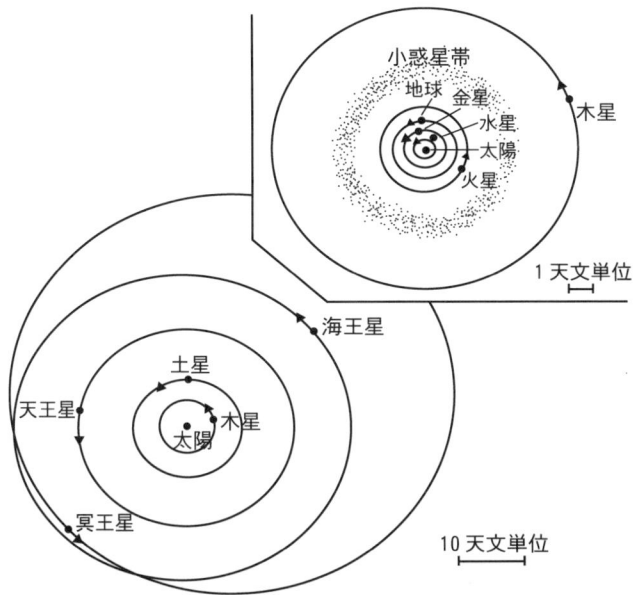

図4 太陽系における惑星の分布様式

表4 太陽系惑星のさまざまな特徴の比較

	軌道半長径 AU*	横道面に対する軌道傾斜角/度	離心率	質量 10^{27} g	密度 g cm^{-3}	自転周期	赤道傾斜角/度
太陽	—	—	—	1 989 000	1.41	25.38 日	7.25
水星	0.39	7.00	0.206	0.330	5.43	58.65 日	～0
金星	0.72	3.40	0.007	4.869	5.24	−243.02 日	2.6
地球	1.00	—	0.017	6.047	5.52	23.9345 時間	23.44
火星	1.52	1.85	0.093	0.642	3.93	24.6233 時間	25.19
小惑星	2.70	～9.50	～0.140	>0.0048	～3.50	～8.00 時間	
木星	5.20	1.30	0.049	1899.097	1.33	9.936 時間	3.1
土星	9.55	2.49	0.056	568.655	0.69	10.656 日	26.7
天王星	19.22	0.77	0.046	86.840	1.24	17.231 時間	97.9
海王星	30.11	1.77	0.009	102.453	1.64	16.104 時間	27.8
冥王星	39.54	17.15	0.249	0.014	2.13	6.39 日	120.0

*AU：コラム2参照．

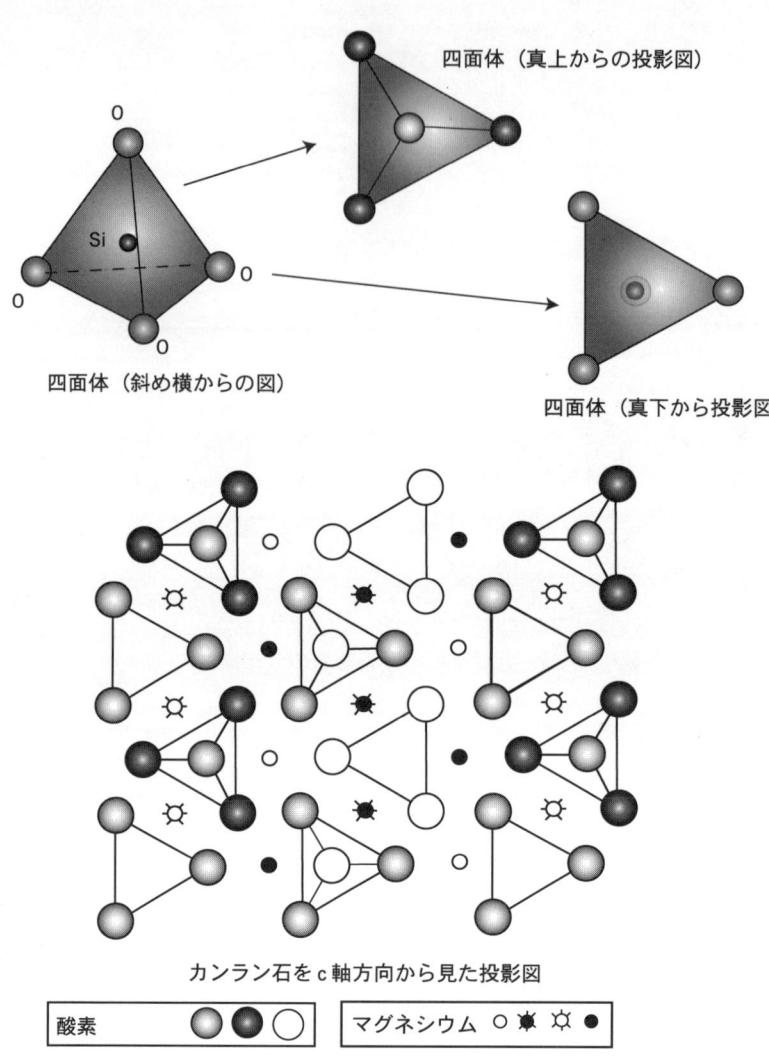

図5 ケイ酸塩鉱物の基本的骨組み

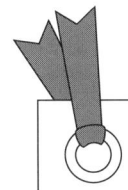

ブックマーク2：鉱物の骨組み

　隕石や地球の岩石は鉱物の結晶が集合して形成されている．ケイ酸塩とよばれる鉱物が地球表層ではもっとも普通にみられる．ケイ酸塩鉱物は共通して，SiO_4 の四面体を基本的骨組みとしてもっている（図5）．この SiO_4 四面体が規則正しく3次元的に配列し，ケイ酸塩鉱物をつくる．石英が組成的にもっとも単純なケイ酸塩鉱物である．SiO_4 四面体どうしの空間にマグネシウムや鉄などが入ると異なった種類のケイ酸塩鉱物となる．カンラン石（Mg_2SiO_4）がその典型である．ケイ酸塩鉱物以外にも，磁鉄鉱（Fe_3O_4）に代表される酸化物やトロイライト（FeS）のように硫黄と金属元素が化合した硫化物なども太陽系-地球において重要な鉱物である．ケイ酸塩鉱物のなかにはヒドロキシ基（－OH）を結晶の一部として組み込む鉱物がある．これを**含水鉱物**とよぶ．

で惑星の外側の層（おもに**マントル**と**地殻**）をつくっている．一方，鉄は金属の形で中心の**核**（コア）を構成している．

　太陽系を構成する惑星のなかで，木星，土星，天王星，海王星は地球型惑星と異なり，サイズはより大きく，平均密度は $1\,g\,cm^{-3}$ に近い（表4）．このような天体は H，He，C，N，O などを主成分としている．これらの天体でもっとも多く存在する成分は水素である．これらの惑星の平均密度が $1\,g\,cm^{-3}$ に近いのはこのためである．このような惑星の仲間を**木星型惑星**（Jovian planets）とよぶ．一方，太陽系の第9惑星である冥王星（Pluto）については平均密度が約 $2\,g\,cm^{-3}$ であり，岩石や氷からなっている可能性がある．冥王星は太陽系惑星がもつ規則性から大きくはずれる．この天体の成因が他の惑星とは異なっている可能性がある．この天体は太陽から遠く離れており，アンモニア（NH_3），メタンなどの氷の存在も示唆されている．

a. 地球型惑星

　太陽系の惑星のうち，水星，金星，地球，火星を**地球型惑星**という．月は衛

● コラム 2 ●

惑星の軌道とティティウス-ボーデの法則

太陽系内の距離を表す単位として，**天文単位**（AU：astronomical unit）が用いられることがある．この単位は地球と太陽の距離約1億5000万kmを1天文単位（1 AU）としている．太陽系の惑星の太陽からの距離 l（AU）には以下のような簡単な指数関数的な関係式が成り立つことが知られている（n については表5参照）．

$$l/\text{AU} = 0.4 + 0.3 \times 2^n$$

これは**ティティウス-ボーデ**（Titius-Bode）**の法則**とよばれている．この法則は1766年にドイツの科学者ティティウスによって発見され，のちにボーデによって経験則として数式化された．18世紀中ごろには，水星，金星，地球，火星，木星，土星しか知られていなかったが，1781年の天王星，1801年の小惑星ケレスの発見位置と法則が予測した位置とが合致する結果から注目を集めた．

表5に実際の惑星の太陽からの距離とティティウス-ボーデの法則に基づく計算値を比較して示した．

表5　惑星軌道とティティウス-ボーデの法則との比較

		水星	金星	地球	火星	(小惑星)	木星	土星	天王星	海王星	冥王星
(1)	惑星の距離/AU	0.387	0.723	1.0	1.52	2.8	5.2	9.55	19.2	30.1	39.5
(2)	n	$-\infty$	0	1	2	3	4	5	6	7	8
(3)	ボーデの法則	0.4	0.7	1.0	1.6		5.2	10.0	19.6	38.8	77.2

星としてはたいへん大きく，岩石と金属鉄からできていると考えられ，地球型惑星と同様の天体の一つと考えることが多い．太陽系の惑星の衛星は概して惑星に比べて非常に小さいが，月は例外であり，地球の月と他の惑星の月とは異なる成因をもっていた可能性がある．

地球型惑星の密度は $3.9 \sim 5.5\,\text{g cm}^{-3}$ である（表4）．水星の密度は $5.4\,\text{g cm}^{-3}$，金星 $5.2\,\text{g cm}^{-3}$，地球は $5.5\,\text{g cm}^{-3}$ であり，よく似ている．しかしながら，水星の質量は地球の約5％程度であり，内部の圧力は約30万気圧（30 GPa）であるのに対して，金星は330万気圧，地球は360万気圧である．金星

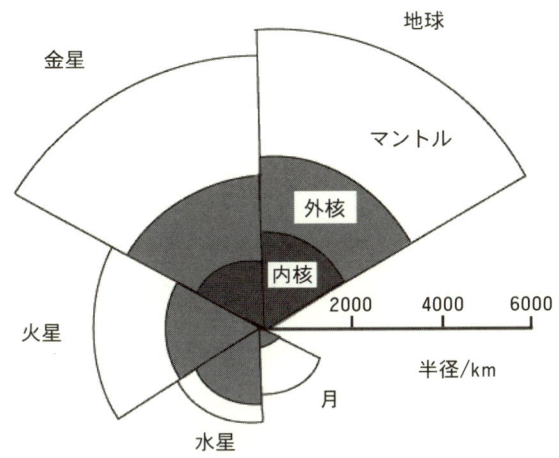

図6　太陽系惑星の内部構造の比較

と地球は類似の内部構造をもっているのに対して，水星は小さな内部圧力にもかかわらず非常に密度が大きい．このことは水星の核のサイズが大きく，鉄/岩石比が地球に比べて大きいことを示している．このことから水星を鉄の惑星とよぶこともある．火星の密度は $3.9\,\mathrm{g\,cm^{-3}}$ と小さく，内部圧力は40万気圧程度である．火星の密度から火星の鉄/岩石比が地球より小さいことを示している．また，月の核も非常に小さく，鉄/岩石比は小さい．こうした惑星の密度から地球型惑星の内部構造（とくに核の大きさ）を推察でき，その内部構造を比較したものを図6に示す．

　地球型惑星どうしでも鉄/岩石の比率，すなわち核/マントルの比率が異なることがわかる．このように似たような惑星どうしで鉄/岩石比が異なるのはなぜか．水星の核が非常に大きい理由はいくつか考えられる．そのひとつは，水星はかつてもっと大きな天体であったが，隕石などの衝突で表面の層が剥ぎ取られたとする説である．他方，水星の核が大きいのは，鉄が難揮発性の物質であり，惑星形成過程でとくに残りやすいためと考えられる．それに対して惑星の密度を下げる揮発性成分は残りにくい．太陽に近い天体ほど，その効果が大きく，結果として難揮発性物質に富むようになったからとする説もある．

• コラム 3 •

惑星内部の温度分布と密度

高圧下での物質の圧縮の程度を表すパラメーターを**圧縮率**（β）という．圧縮率の大きい物質は縮みやすく，物質の"やわらかさ"を表す．単位は（圧力単位）$^{-1}$である．圧縮率の逆数を非圧縮率または体積弾性率（K）という．**体積弾性率**の定義は $K=1/\beta=-V(dP/dV)$ であり，単位は圧力（Pa，パスカル）となる．

温度の上昇によって体積は増加する．温度の増加に伴う体積の増加率を**熱膨張率**という．熱膨張率は $\alpha=V^{-1}(dV/dT)$ で表され，単位は（温度）$^{-1}$（すなわち K^{-1}）である．一般に惑星内部では圧力と温度がともに増加する．惑星内部での圧縮に伴う断熱温度上昇とともに，地球の集積過程と核の分離過程に伴う運動エネルギーおよび重力エネルギーの開放による熱，放射性同位元素の崩壊に伴う熱によって，地球深部に行くに従い温度は上昇する．一般に惑星内部の温度圧力分布を考えたとき，惑星内部の密度は深さとともに増加することになる．

b. 木星型惑星

木星，土星，天王星，海王星を総称して木星型惑星とよんでいる．これらの惑星のうち，木星と土星は総質量が非常に大きく（表 4），水素分子（H_2）と He の量が非常に多い．一方，天王星と海王星は木星・土星に比べて H_2 や He の存在度が相対的に低くなるのと同時に H_2O，CH_4，NH_3 などの成分が土星・木星に比べて多く，**巨大氷惑星**（icy giant）とよばれることもある．木星と土星は，多くの衛星をもっていることが知られている．これらの衛星の軌道もティティウス-ボーデの法則に従うものもある．

木星型惑星は H_2 や He，氷などの成分からなっているために，密度が $1\,g\,cm^{-3}$ に近い．とくに土星の密度は $1\,g\,cm^{-3}$ よりも小さいことが特徴である．木星型惑星にはいずれも強い**磁場**が存在する．惑星自身が巨大磁石として振る舞うわけである．木星や土星の磁場は，金属化した水素の対流によって，生成しているものと考えられている．一方，天王星や海王星も磁場をもっている．これらの惑星の磁場は，H_2O などがイオン化し，H_3O^+ や OH^- を形成していることに関係しているらしい．それらのイオンからなる海の対流によって磁場

が生成していると推定されている．地球型惑星の磁場は金属鉄液体の対流に起因していると考えられ，太陽系内の天体の磁場の原因にはさまざまなものがあると考えられる（3.5.5 項参照）．

1.3.2 冥王星とプラネトイド"セドナ"

冥王星は半径は 1000 km 程度の小さい天体である．この惑星はカロンとよばれる大きな衛星をもっている．冥王星の平均密度は 2.1 g cm^{-3} 程度であり，岩石，氷（H_2O, CH_4, NH_3）からなると想像されている．この天体には H_2 や He はほとんど存在せず，木星型惑星と明らかに異なった起源をもっていると考えられている．

2004 年，NASA は，冥王星よりも 3 倍も太陽から離れた場所に太陽系でもっとも遠い天体を発見し，"セドナ"と名づけた．この天体は直径 1300～1700 km で冥王星の約 3/4 の大きさをもつ．太陽系で発見された天体のなかでは，冥王星の発見以来もっとも大きなものである．軌道は大きな楕円を描き，近日点で冥王星の軌道の 2 倍程度，遠日点で 1350 億 km（地球と太陽の距離の 900 倍）である．

1.3.3 木星型惑星の衛星：氷天体のなぞ

木星の衛星としてはガリレオ衛星とよばれる 4 つの大きな衛星が有名である．これらはそれぞれ，イオ，ガニメデ，エウロパ，カリストとよばれている．イオでは硫黄を噴出する火山活動が報告されている．この火山活動をひき起こすエネルギーは，木星からの潮汐力であると考えられている．木星が巨大であるので，イオを潮汐力で伸長させる．するとイオ自身が常に変形することになり，この変形過程が熱エネルギーを生じて火山活動をひき起こしていると考えられている．また，ガニメデでは磁場が見い出されており，金属の核が存在するものと推定されている．一方，木星探査機ガリレオから送られてきたデータはエウロパの氷の下には液体の海が存在する可能性を示している．これらの天体は岩石類とともに，氷，マグネシウムやナトリウムの硫酸塩などからなっていると考えられている．

土星の衛星タイタンも生命の存在が予想されている天体である．タイタンに

は生命の起源物質の有機物になりうるメタンが大気に存在することが確認されている．大気の成分は90％以上が窒素（N_2）で，残りはCH_4，H_2，CO，二酸化炭素（CO_2），H_2O などである．さらに遠くの土星，天王星，海王星の衛星では，さらに凝固点の低い，CH_4，NH_3 などの揮発性成分が構成物質となっている．

1.4 隕石から読む初期の太陽系

1.4.1 小惑星と隕石

地球をつくる構成物質を調べる基礎になるのが隕石である．これを調べることにより地球形成初期のことが推定される．図4に示した太陽系の天体の軌道において，火星と木星の間には無数の小さな天体が存在する．これを**小惑星**（minor planets, asteroid）とよんでいる．小惑星が位置する軌道は，ティティウス-ボーデ（Titius-Bode）の法則の $n=3$ の位置に相当する（表5）．この $n=3(2.8\,\mathrm{AU})$ 付近の軌道を**小惑星帯**とよんでいる．逆に小惑星は，ティティウス-ボーデの法則の予言によって見い出されたものである．小惑星帯には数万個にも及ぶ小惑星が存在する．そのうちもっとも大きい小惑星はセレス（ケレス）とよばれ，半径約350 km程度である．

地球に落下するのを目撃された隕石（fall）が宇宙のどの位置から飛んできたかを示す軌道計算は可能である．計算結果によって推定された軌道は確かに小惑星帯から飛来したことを示す．したがって，地上に落下する隕石の多くは小惑星帯を故郷としていると一般に考えられている．小惑星がどのような物質からできているかを明らかにするために，小惑星の**反射スペクトル**が測定されている．望遠鏡で見える小惑星は太陽光を反射し，その光が地球で観測される．地球に到達した光を分光して小惑星の反射スペクトルが得られる．反射スペクトルは，反射する物質の組成に対応して変化する．すなわち，すでに組成のわかっている隕石のスペクトルと比べることによって，小惑星反射スペクトルがどの物質に起因するか同定することが可能である．小惑星の反射スペクトルと隕石のスペクトルを重ねたものを図7に示す．この図から隕石の反射スペ

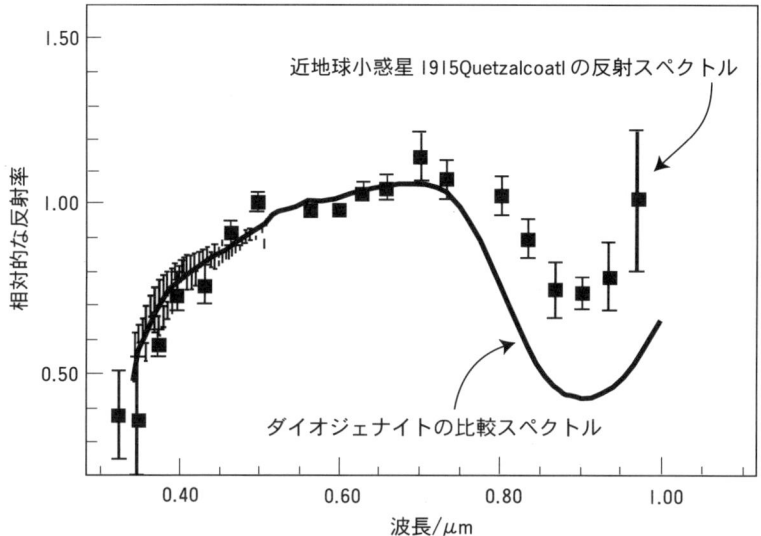

図7 小惑星と隕石（ダイオジェナイト）の反射スペクトル

クトルと小惑星のスペクトルが比較的よく一致することがわかる．この事実も小惑星が基本的には地球に落下してくる隕石と似たものであるという考え方を示唆する．

　隕石が数十億年，宇宙空間に漂っている間に，しばしば隕石の表面が変質し，別の組成の物質に変化してしまう（宇宙風化）．すると，小惑星のスペクトルが隕石のスペクトルとは変化する．このようにして両者のスペクトルが異なってくることもあるので，宇宙風化の影響も考えながらスペクトルを比較しなければならない．

　小惑星の大半は2～3 AU付近に存在する．小惑星にはさまざまな種類が存在し，太陽からの距離によって異なる分布をする．小惑星からのスペクトルは，光の反射率（アルベド）に基づいて分類することができる．たとえばCタイプとよばれるスペクトルは，一般に暗く光を吸収するものであり，炭素質コンドライト（Cコンドライト）に対応し，揮発性物質を含むと予測されている．

　このように小惑星のスペクトルと隕石のスペクトルを比較することによっ

て，それらの類似性が明らかになっている．しかしながら，宇宙風化の影響を除外しても，小惑星反射スペクトルは隕石の反射スペクトルと完全には一致しない点がある．まったく予想もつかない未知の物質があるか，データ処理上の問題か定かでない．小惑星がどのような物質からなっているかについての最終的な結論は，**惑星探査機**（**サンプルリターン計画**）による試料回収が不可欠となっている．最近の小惑星帯の研究によると，太陽に近い側には岩石や金属から構成される小惑星が多く，遠くなると氷や有機物を含むものになるようである．小惑星の総質量は地球の1000分の1程度であり，非常に小さい．

1.4.2 南極隕石（やまと隕石）

氷河で覆われた南極大陸から大量に隕石が発見されている．これを**南極隕石**という．1969年12月，吉田 勝博士らの日本南極観測隊は昭和基地南方300 kmにあるやまと山脈周辺の氷河の上の50 km^{2}内に9個の隕石を発見し，**やまと隕石**と命名した．やまと隕石とは，南極隕石の一群で，南極隕石を代表する1万個以上ある隕石群の総称である．わが国が採取した隕石は，極地研究所に保存されている．このようにわが国は隕石保有大国になっており，隕石学の発展に大きく貢献している．一番多い隕石のタイプがコンドライトで約95％に達する．現在，報告されている隕石のなかで，アミノ酸含有量がもっとも多い隕石がやまと隕石である．Y-791198と名づけられた隕石には 670 nmol g^{-1} のアミノ酸が含まれていることが筑波大学名誉教授の下山 晃博士によって報告された．1969年は南極隕石が発見された年であるが，惑星科学としてはアポロが月に行き，はじめて月の石の回収に成功し，また，アェンデ隕石がメキシコで発見されるなど，惑星科学史上重要な発見が相次いだ年であった．

南極にどうして隕石が多く発見されるのであろうか．南極において隕石を集積するモデルとして氷河運搬モデルが提案されている．氷河は固体のまま流動する．固体は長い時間スケールでは流動する．図8にこのモデルを示す．極地で降った雪は氷となり周辺部に向かって流動し始める．周辺部では氷が海に流入したり，蒸発したりする．このプロセスによって，連続的に氷が流動する．隕石は氷河の上に落下した直後に雪に覆われ，やがて氷の中に閉ざされる．氷河の動きとともに，氷河内部を隕石が運ばれる．大きな山脈の後背地があるこ

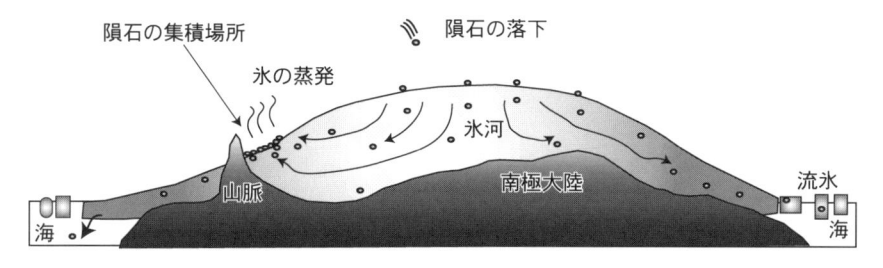

図8 南極氷河で運搬され集積する隕石（隕石集積のベルトコンベアモデル）

とが隕石の回収に不可欠なものである．山脈周辺では氷河の動きが阻まれ，運ばれてきた隕石もそこにとどまり続ける．ここでは氷河の表層が蒸発し，隕石が氷河の上に顔を出す．こうした場所をターゲットにした結果，やまと隕石などが発見されたのである．その一方で隕石の多くは海底に運ばれ，海底に堆積し，やがて海溝で一部は地球内部に運ばれる．

1.4.3 隕石の分類

隕石は大きく**隕鉄**，**石鉄隕石**，**石質隕石**に区分される．図9に隕石の分類を示す．おおまかにいうと石質隕石は93％，石鉄隕石1％，イン鉄は6％である．石質隕石は**コンドライト**，**エコンドライト**の2つに分類される．隕石全体からみると，8割がコンドライトである．コンドライトは，コンドリュールとよばれる直径数ミリメートルからなるケイ酸塩の小球を含む．その小球がマトリックスとよばれる細粒の物質で埋められ，コンドライトを形づくる．コンドライトは始源的隕石に属するとされ，太陽系起源に関する情報が含まれていると考えられている．

隕鉄，石鉄隕石，石質隕石のエコンドライトは，より分化した隕石と考えられている．母天体をいったん形成し，そのなかで分化し，それがバラバラになったと考えられる．これらは，太陽系の早い時期に分化した微惑星を形成していた可能性がある．また，エコンドライトには火星起源のものがある．月起源隕石も存在することが明らかになっている．これらの隕石は，特徴的な年代を示す．

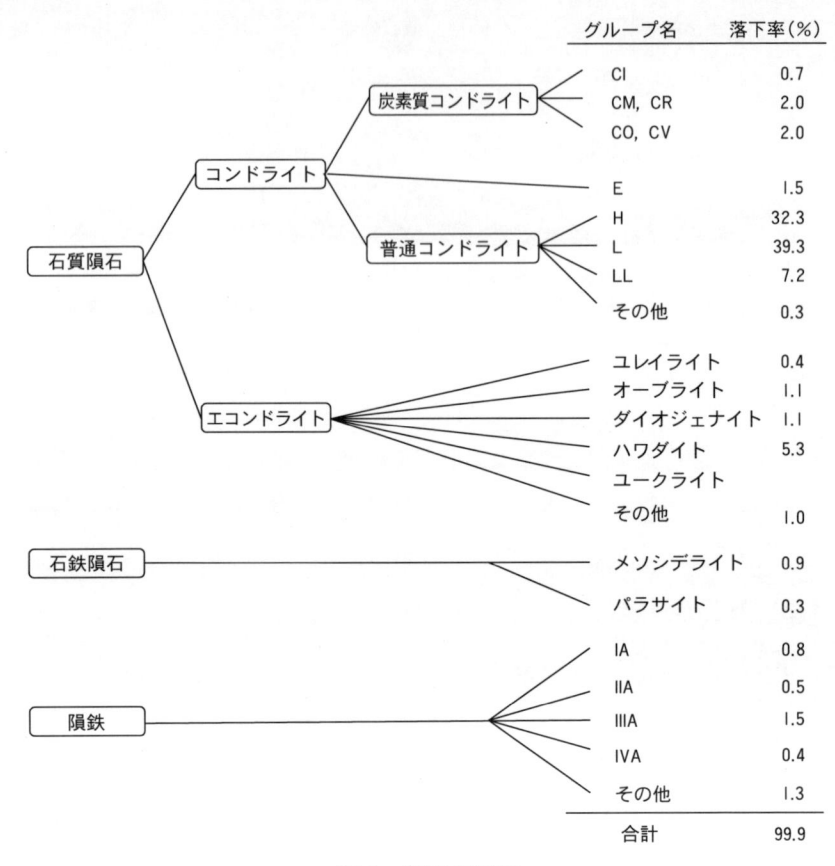

グループ名	落下率(%)
CI	0.7
CM, CR	2.0
CO, CV	2.0
E	1.5
H	32.3
L	39.3
LL	7.2
その他	0.3
ユレイライト	0.4
オーブライト	1.1
ダイオジェナイト	1.1
ハワダイト	5.3
ユークライト	
その他	1.0
メソシデライト	0.9
パラサイト	0.3
IA	0.8
IIA	0.5
IIIA	1.5
IVA	0.4
その他	1.3
合計	99.9

石質隕石 — コンドライト — 炭素質コンドライト (CI; CM, CR; CO, CV)
石質隕石 — コンドライト — 普通コンドライト (E; H; L; LL; その他)
石質隕石 — エコンドライト (ユレイライト, オーブライト, ダイオジェナイト, ハワダイト, ユークライト, その他)
石鉄隕石 (メソシデライト, パラサイト)
隕鉄 (IA, IIA, IIIA, IVA, その他)

図9　隕石の種類

1.4.4　珍しい隕石

a.　火星起源隕石，SNC 隕石

　エコンドライトに属する隕石には，シャゴッタイト (shergottite)，ナクライト (nakhlite)，シャシナイト (chassignite) とよばれる一群の隕石が存在する．これらの隕石は，それぞれの英名の頭文字をとって**SNC隕石**とよばれ，火星起源の隕石と考えられている．それぞれの隕石名は落下した地域の地名によって命名されている．シャシナイトの代表的な隕石シャシニーは 1815 年フランスのシャシニー村に落下，シャゴッタイトの典型的な隕石シャーゴッ

ティーは1865年インドのシャーガーティ町に，ナクライトの代表であるナクラ隕石は1911年エジプトのエルナクラ町に落下した隕石である．

表6にはSNC隕石に属する隕石を示す．南極からも数多くのこの種の隕石が見い出されている．火星の表面に小天体が衝突するなどし，火星表層が宇宙に放出され，その一部が地球に到達したと解釈されている．

SNC隕石を火星起源と判断する根拠はいくつかある．まず，第1にこれらの多くの隕石（とくにナクライトやシャシナイト）の放射性同位体年齢は約13億年を示す．シャゴッタイトのなかには13億年よりも若い年齢を示すものがある．また，最近の詳細な年代測定によると，ALH 84001とよばれる火星隕石は45億年の年齢を示す．45億年前に形成された岩石と13億年前などに形成された岩石が混在しているということになる．13億年前に新しい岩石をつくるには，火山活動が必要になる．火山から溶岩が流れ出し，それが冷え固まった"時"が岩石の年齢になる．太陽系の惑星で13億年前に，火山活動が存在した天体は，火星，金星，地球となる．このなかで地球よりも太陽から離れているのは，火星である．金星の一部が剝がれたとしても軌道の関係で隕石として地球には飛んでこない．

第2に，火星由来と考えられている隕石のアルゴンと窒素の同位体組成（^{39}Ar, ^{40}Arと^{14}N, ^{15}N）の特徴に火星物質でしかもちえない組成の特徴がある．アルゴンや窒素は揮発性元素であり，隕石には残りにくいが，わずかに鉱物などに取り込まれ保存される．NASAのバイキングによる火星探査で，火星大気のアルゴンと窒素の同位体組成はすでに測定されている．火星由来と思われる隕石のアルゴンと窒素の同位体組成は，火星の大気と地球大気の間の組成になる．火星からの隕石が地球に突入したときに，いままで火星から運んできた成分に加え，地球大気の組成も含んでしまったと解釈されている．こうしたアルゴンや窒素の化学的特徴は地球の岩石や月の隕石では起こりえず，火星の大気成分を持ち込まなければならない．

第3に，火星隕石の酸素同位体組成（^{16}O, ^{17}O, ^{18}O）が地球を構成する岩石とは明らかに異なる値を示す．たいがいの隕石はケイ酸塩鉱物を含んでいる（図5）．ケイ酸塩鉱物に含まれる酸素の同位体は母天体の組成を引き継ぐとされる．地球をつくるケイ酸塩は地球独特の酸素同位体組成があり，他の惑星で

表6 火星起源隕石の種類

隕石名	発見場所	タイプ	発見年月日	質量/g
シャシニー	フランス・シャシニー村	C	1815.10.3	4,000
シャーゴッティー	インド・ビハール州シャーガーティ町	S	1865.8.25	5,000
ナクラ	エジプト・エルナクラ町	N	1911.6.8	10,000
ラファイエット	アメリカ・インディアナ州ラファイエット	N	1931	800
ガバナドール・パラダレス	ブラジル・ミナスジェライス州ガバナドール	N	1958	158
ザガミ	ナイジェリア・ザガミロック	S	1962.10.3	18,000
ALH77005	南極・ビクトリアランド・アランヒルズ	S	1977.12.29	482
Y793605	南極・やまと山脈	S	1979	16
EET79001	南極・ビクトリアランド	S	1980.1.14	7,900
ALH84001	南極・ビクトリアランド	—	1984.21.27	1940
LEW88516	南極・ビクトリアランド	S	1988.12.22	13,200
QUE94201	南極・ビクトリアランド	S	1994.12.16	12
Dar al Gan476	リビア・サハラ砂漠	S	1998.5.1	2,015
Dar al Gan489	リビア・サハラ砂漠	S	1997	2,146
Dar al Gan735	リビア・サハラ砂漠	S	1996〜97	588
Dar al Gan670	リビア・サハラ砂漠	S	1998〜99	1619
Dar al Gan876	リビア・サハラ砂漠	S	1998.5.7	6.2
GRV9927	南極・グローブヒル	S	1999	9.97
ロサンゼルス	アメリカ・カリフォルニア州ロサンゼルス	S	1999.10.30	698
Sayh al Uhaymir005	オマーン・セイアルユーヘイミール	S	1999.11.26	1,344
Sayh al Uhaymir008	オマーン・セイアルユーヘイミール	S	1999.11.26	8,579
Sayh al Uhaymir051	オマーン・セイアルユーヘイミール	S	2000.8.1	436
Sayh al Uhaymir094	オマーン・セイアルユーヘイミール	S	2001.2.20	233.3
Dhofar019	オマーン・ドーファ	S	2000.1.24	1,056
Nothwest Africa480	アルジェリア？	S	2000.11	28
Dhofar378	オマーン・ドーファ	S	2000.6.17	15
Y000593	南極・やまと山脈	N	2000.11.29	13,700
Y000749	南極・やまと山脈	N	2000.12.3	1,300
Nothwest Africa817	モロッコ	N	2000.12	104
Nothwest Africa856	モロッコ	S	2001.2	320
Nothwest Africa1068	サハラ砂漠西部	S	2001.4	654
Nothwest Africa1110	モロッコ？	S	2001.9	118
NWA998	アリジェリアまたはモロッコ？	N	2001.9	456
NWA1195	モロッコ	S	2002.3	315
YA1075	南極	S	？	55
Yamato980459	南極・やまと山脈	S	1998？	82.46

S：シャゴッタイト，N：ナクライト，C：シャシナイト，—：その他．（2002年現在）

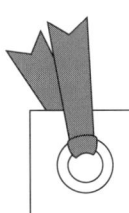

ブックマーク3：
コンドライトの細分

　隕石にはさまざまな分類法が存在する．顕微鏡で観察される組織に基づく分類や化学組成に基づく分類などがある．隕石中の鉄の含有量に応じて分けられることがしばしばあり，これらはユーリー–クレイグ（Urey-Craig）図上で分類される（図10）．この図では，縦軸が金属鉄（Fe）と硫化鉄（おもにFeS）として存在する鉄の量をケイ素（Si）の量比で表したものである．金属鉄と硫化鉄の電荷は0～+2である．横軸はケイ酸塩の量に対する酸化鉄の量である．酸化鉄の鉄は+2～+3の電荷をもつ．Fe^{3+}を多く含む鉱物量が多い場合は酸化的な環境で，Feが多い場合は還元的な環境で隕石が形成されたと解釈される．

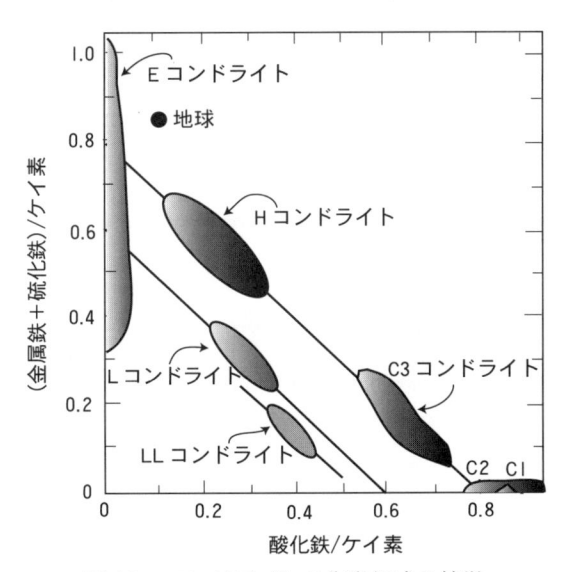

図10　コンドライトの化学組成の特徴
この図をUC（ユーリー・クレイグ）ダイヤグラムとよび，このコンドライトの鉄の存在度についての規則性をプライヤーの規則とよんでいる．

普通コンドライトは，さらに E (enstatite), H (high iron), L (low iron), LL (very low iron) などと細分化され，分類される．図10には大きく2本の線が示されている．Hが属する線はFe/Si比が0.8で，Lが属する線はFe/Si比が0.6である．それぞれの線上の隕石は，同じ鉄の量を示す．同じ線上であっても左寄りのものは還元的環境で形成され，右寄りのものは酸化的環境で形成されたことを意味する．Eコンドライトは非常に還元的な環境で形成されたことを示す．この2本線に乗らないLLは非常に鉄が少ない隕石である．それぞれのグループは異なる母天体に由来する可能性がある．

E, L, LL, Hコンドライトはさらに岩石学タイプにより3から6までの番号がつけられている．3が始原的であり，番号が増加するにつれて熱変成度が大きくなる．始原的なものはカンラン石や輝石の組成が不均質でばらつくが，熱変成度が大きくなるにつれて均質になっている．

炭素質 (C) コンドライトは，炭素などの軽元素や含水鉱物中の水，硫黄などの揮発性成分を含む鉱物をもち，コンドライトのなかでもっとも始原的なものである．Cコンドライトの岩石学タイプは1から4までである．それぞれの数字が熱による変成度の違いを表し，C4がもっとも熱変成作用を受けている．C1コンドライトは宇宙存在度としての太陽大気の組成とよく一致し，もっとも始原的なものと考えられている．しかしながら，C1とC2タイプは水質変成を受けた形跡があり，始原的ではないと考える研究者もいる．また，Cコンドライトは化学組成と組織の特徴から代表的な隕石の名前を用いて，CI, CM, CV, CO, CRと分類することもある．

形成されるケイ酸塩には他の惑星独特の組成がある．SNC隕石は火星がもつべき酸素同位体組成をもっている．以上から，SNC隕石が火星起源であることが，説得力をもって考えられている．

b. 月起源隕石

エコンドライト隕石に属する隕石に**月起源隕石**が存在する．月表面に小天体が衝突するなどし，表面が剥がれその一部が地球に飛来したと解釈されている．これまでに発見された月起源隕石を表7に示す．月起源隕石は南極で発見されたものが多いが，オーストラリアで1個（カルカロング・クリーク隕石），リビアの砂漠で2個（Dar al Gani 400 と Dar al Gani 262），モロッコの砂漠

表7　月起源隕石の種類

隕石名	質量/g	岩石タイプ	発見年
ハイランド起源と思われる隕石			
1　ALH81005	31.4	R	1982
2　Calcalong Creek	18	R	1991
3　Dar al Gani262	513	R	1997
4　Dar al Gani400	1,425	P	1998
5　Dhofar025	751	R	2000〜2001
6　Dhofar026	636	P	2000
7　Dhofar081	174	P	1999〜2001
8　Dhofar489	34.4	P	2001
9　MAC88104	61	R	1989
10　NWA482	1,015	I	2001
11　QUE93069	21.4	R	1994〜1995
12　Yamato-791197	52	R	1983〜2002
13　Yamato-82192	37	P	1984〜1987
マーレ起源と思われる隕石			
1　Asuka-881757	442	ハンレイ岩	1990
2　Dhofar287	154	玄武岩＋R	2001
3　EET87521	31	P	1989〜1998
4　NWA032	300	玄武岩	2000
5　NWA773	633	ハンレイ岩＋R	2001
6　QUE94281	23.4	R	1995
7　Yamato-793169	6.1	玄武岩	1990
8　Yamato-793274	8.7	R	1987〜1999

R：レゴリスブレッチャー，P：ポリミクトブレッチャー，I：インパクトメルトブレッチャー．

で1個（Northwest Africa 032）の月起源隕石が発見されている．月起源隕石のほとんどは，灰長石岩（灰長石とよばれる鉱物がとくに濃集してできる火成岩）や玄武岩が砕けて固まった角礫（ブレッチャー）状の岩石からなっている．灰長石岩は月の陸地の代表的岩石であると考えられている．これらの隕石は，アポロによって月のサンプルが手に入って以来，月の岩石との類似性から，月起源の隕石と認められるようになった．月起源隕石の酸素同位体組成は地球のものと同様であり，これは火星起源隕石や他の隕石と異なる点である．このことは，月と地球が似たような物質を使い，根本では起源がつながることを意味する．

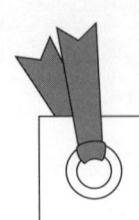

ブックマーク4：マグマの活動で形成される岩石

　地球上で噴出するマグマの温度は1000°Cを超す．マントルなどの地球深部がおもなマグマの発生源である．火山活動によってマグマが地表に溶岩として噴出して固まった岩石の総称を**火山岩**，地表に噴出することなく地下にとどまり固まった岩石を**深成岩**とよぶ．玄武岩，安山岩，デイサイト，流紋岩が典型的な火山岩である．ハンレイ岩，花崗岩などが典型的な深成岩である．それぞれの岩石の化学組成によって，岩石名は決められる．たとえば岩石中のSiO_2量が52.5%未満の火山岩を玄武岩とよび，SiO_2量が52.5〜62.0%前後のものを安山岩とよぶ．ハンレイ岩の化学組成は玄武岩と変わらないが，地下深部で固まったという特徴で玄武岩とは分けて考えられる．花崗岩は大陸が発達している地殻内に特徴的にみられる岩石である（4.3節参照）．

1.4.5　隕石の主要構成鉱物

　隕石にみられる主要な鉱物を表8に示す．おもな鉱物はカンラン石，斜方輝石，単斜輝石，長石，鉄・ニッケル合金，酸化鉱物などである．これらの鉱物は単成分の固溶体をなす．コンドライトにおいては，その変成度に応じて，固溶体の化学組成がばらつく，より原始的なものから，一定組成に近づくより変成度の高いタイプ4〜6までが存在する．地球上で普通にみられる鉱物と組成はまったく同じであるが，隕石のなかでは，宇宙空間での衝突による高温高圧によって別の結晶構造になっている場合もある．組成は同じでも別の結晶構造をもつ鉱物を**多形**とよぶ．

　隕石に含まれる鉱物として特異的なものは，高圧環境で形成される高圧鉱物である．隕石は宇宙空間で，隕石どうしの衝突や地球への落下によって，さまざまな程度に衝撃を受けている．この衝撃によって，高温高圧状態が実現し，さまざまな高圧多形の鉱物が存在する．高圧鉱物のうち有名なものは，**コーサ**

表8 隕石に含まれるおもな鉱物

鉱物	化学式	鉱物	化学式
カンラン石		硫化鉱物	
苦土カンラン石	Mg_2SiO_4	トロイライト	FeS
鉄カンラン石	Fe_2SiO_4	ペントランド鉱	$(Fe, Ni)_9S_8$
斜方輝石		含水鉱物	
エンスタタイト	$MgSiO_3$	蛇紋岩	$(Mg, Fe)_6Si_4O_{10}\cdot(OH)_8$
鉄シソ輝石	$FeSiO_3$		
単斜輝石			
透輝石	$CaMgSi_2O_6$	酸化鉱物	
灰鉄輝石	$CaFeSi_2O_6$	クロム鉄鉱	$FeCr_2O_4$
オージャイト	$(Ca, Na, Mg, Fe, Mn, Al, Ti)_2(Si, Al)_2O_6$	磁鉄鉱	Fe_3O_4
		チタン鉄鉱	$FeTiO_3$
ピジョン輝石	$(Mg, Fe, Ca)_2Si_2O_6$	スピネル	$MgAl_2O_4$
長石		その他	
灰長石(アノーサイト)	$CaAl_2Si_2O_8$	アハバタイト	$Ca_5(PO_4)_3Cl$
アルバイト	$NaAlSi_3O_8$	ウィトラカイト	$Ca_3(PO_4)_2$
カリ長石	$KAlSi_3O_8$	シュライバーサイト	$(Fe, Ni)_3P$
鉄・ニッケル合金		コーエナイト	Fe_3C
カマサイト α-鉄	FeNi, 4〜7% Ni		
テーナイト γ-鉄	FeNi, 20〜50% Ni		
テトラテーナイト	FeNi, 50% Ni		

イトと**スティショバイト**である．これらの鉱物は，隕石が地球に衝突した際に，隕石中のシリカ鉱物や地表のシリカに富んだ岩石に大きな衝撃が加わって形成されたものである．アメリカのアリゾナ州にあるディアブロ峡谷の隕石クレーターが現存する隕石落下孔として有名であり，隕石落下時の高圧多形鉱物がみられる．

● コラム 4 ●

新鉱物：ザイフェルタイトとアキモトアイト

シリカ鉱物の多形である $a\mathrm{PbO_2}$ 型構造 $\mathrm{SiO_2}$ は隕石中に見い出され，ドイツのバイロイト地球科学研究所を創設した鉱物学者ザイフェルト教授にちなんで 2003 年にザイフェルタイトと命名された．スティショバイトはケイ素を六配位にもつシリカの多形であるが，ザイフェルタイトは 2000 年にアリゾナ州立大学のシャープ博士らによって火星隕石中に発見された．ちなみに，日本人の名がつけられている高圧鉱物は，イルメナイト型構造をもつ $\mathrm{MgSiO_3}$ であり，わが国の高圧地球科学の創始者の一人である秋本俊一東大名誉教授の名にちなんでアキモトアイトと命名されている．近年，電子顕微鏡技術の発展に伴って，多くの高圧鉱物が隕石中に発見されつつある．アキモトアイトは北海道大学の藤野清志教授らの電子顕微鏡観察によって，衝撃を受けたコンドライト中に見い出された．そのほかに最近新たに報告された高圧鉱物としては，輝石の高圧多形であるメージャライト（ガーネット構造相）やペロブスカイト相，そして長石の高圧多形であるホーランダイト相などがある．

第2章

初期太陽系と初期地球の形成過程

2.1 原始太陽系で生じたこと：ガスから惑星へ

2.1.1 凝縮と蒸発

　太陽系が誕生したのは今から約46億年前と考えられている．原始太陽系星雲（宇宙空間の中の巨大分子雲とよばれる領域）の中で収縮が起こり，中心部に原始太陽（Tタウリ星）ができた．原始太陽は数千万年ぐらいで太陽（恒星）に成長した．原始太陽系星雲は全体として回転しており，原始星のまわりにはガスと塵の円盤ができる．こうしたモデルは旧ソ連のサフロノフや林 忠四郎京都大学名誉教授らによって1960年代から発展されてきた考えである．

　この円盤の中ではガスや塵の**凝縮過程**，固体や液体が原始太陽の近傍の高温領域で生じる**蒸発過程**も存在した．図11に冷却する宇宙存在度組成のガスから鉱物が凝縮する温度条件を示す．原始太陽系星雲ガスの温度が下がり続ける過程を想定し，熱力学的な安定性を考慮して計算された結果が図11である．図11のなかでは，ゆっくりと冷却する場合と，急速に冷却した場合が想定されている．濃縮する元素の割合が1になると完全に凝縮したことを意味する．たとえば，銀（Ag）がゆっくりと冷却する場合，1100 Kから徐々に凝縮し，800 Kくらいまで温度が下がると完全に凝縮しきってしまう（図11の下図）．1200 Kを超える高温状態でも，ペロブスカイト（$CaTiO_3$），鉄（Fe），カンラ

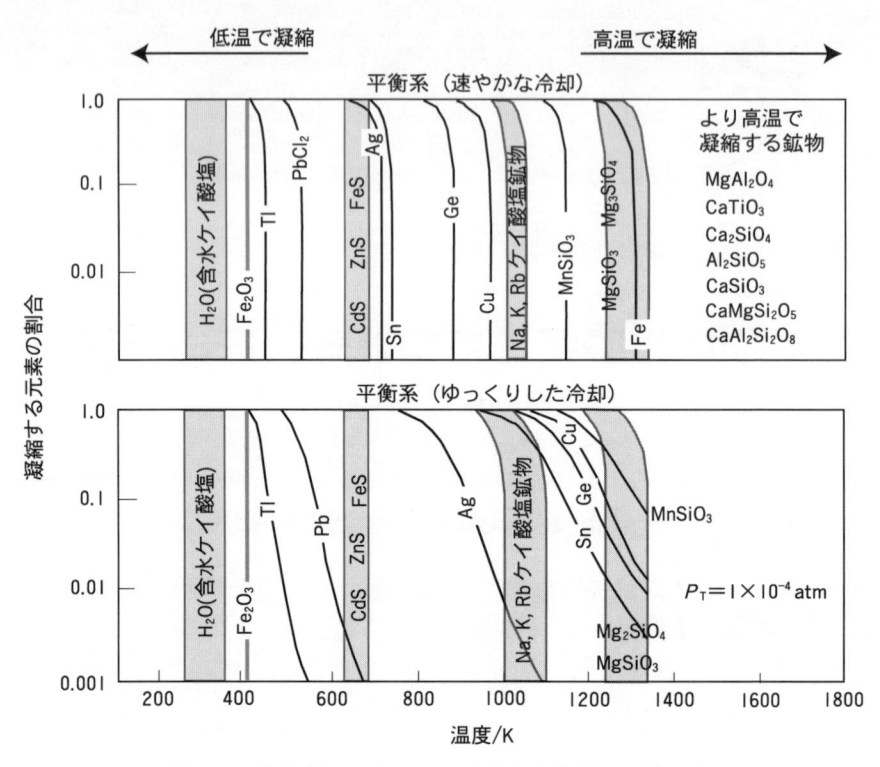

図11 宇宙空間におけるさまざまな物質の凝縮温度

ン石（Mg_2SiO_4）などが凝縮する．それに対して含水鉱物であるタルク（talc）や氷のように低温（400 K 以下）でしか凝縮しない物質などもある．前者を難揮発性物質，後者を揮発性物質という．

　さまざまな物質の凝縮温度は図12のように圧力によって異なり，一般にガスの圧力が小さいと凝縮温度が低下することがわかる．図12には，このような凝縮温度とともに，原始太陽系星雲の断熱温度分布（図12の真ん中の太線）も示す．この原始太陽系星雲の温度圧力分布に太陽系の惑星の形成条件も図示した（図12中の縦線）．太陽に近い惑星（水星）は相対的に高温でガス圧も高い状態であり，太陽から離れるに従って，低温で低い圧力となる．このようなモデルに基づくと太陽に近い水星は鉄や斜方輝石（$MgSiO_3$）などを主要成分としている可能性が高く，地球よりも太陽から離れた火星は地球に比べて揮発

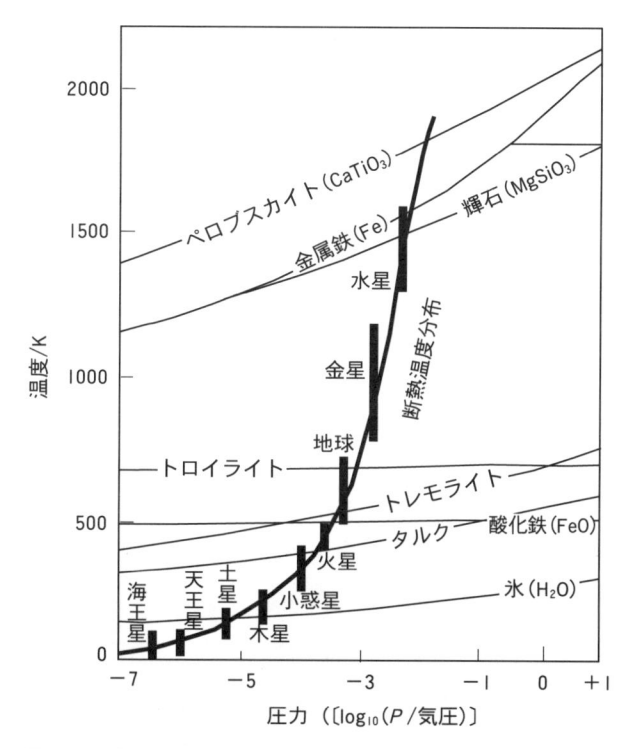

図12 宇宙空間における鉱物の凝縮温度と圧力との関係

性物質がより多いことが予想される．木星や土星は氷の凝集する温度圧力条件にある．

このようにして凝集した鉱物が集まり微粒子となり，それが集積して微惑星や隕石を形成していった．原始的な隕石である炭素質コンドライトに属するアェンデ隕石にカルシウム（Ca）やアルミニウム（Al）に富んだCAI（カルシウム-アルミニウムインクルージョン）とよばれる鉱物集合体が発見されている．これらは，太陽系の形成初期に高温のガスから最初に凝縮した物質と考えられ，初期の太陽系の環境を記録している物質として，詳しい研究が進められている．

2.1.2 揮発性物質として重要な氷

　宇宙存在度を分子の形で表すと，水素分子（H_2）やヘリウム（He）というガス成分は 98% をなし，水（H_2O），メタン（CH_4），アンモニア（NH_3）からなる氷成分は 1.2% 程度である（表1）．これらはすべて揮発性成分である．地球型惑星をつくる岩石や鉄は全体の 0.3% しか存在しない．太陽の近くでは岩石を構成する元素や鉄は固体になる（図13）．さらに木星の付近では岩石とともに揮発性成分である氷成分が固体になる．氷成分の量はたいへん多いので，木星の軌道では凝縮した固体の密度が高くなる．図13は原始太陽系の固体粒子の密度分布を示している．約 3 AU の木星軌道付近のわずかな範囲で固体の密度がとくに高くなることがわかる．これは，円盤状のネブラ中にあった揮発性物質である氷成分が，一斉に凝縮するためである．凝縮した氷が付着し集積し，微惑星がつくられ，原始木星が形成される．このような氷の凝縮がな

(a) ネブラのモデル

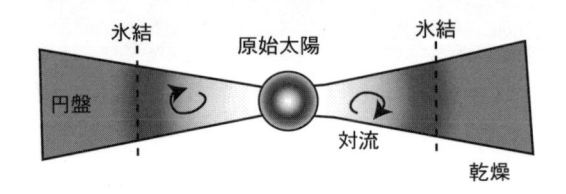

(b) 太陽からの距離と固体の面密度

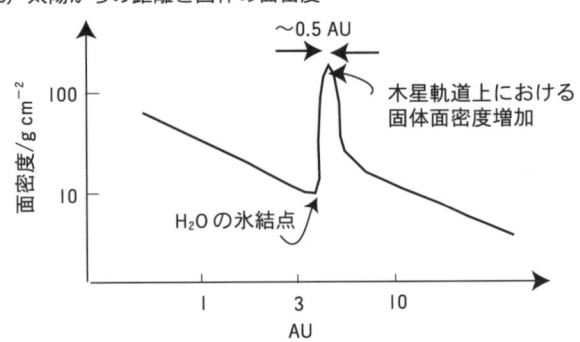

図 13　ネブラの中での氷の凝縮と原始木星の形成

ければ，木星領域以遠では固体の密度が低く，木星の形成には長い時間がかかってしまったであろう．木星が現在あるのは，氷が凝縮したからであるともいえる．身近な氷が木星の形成過程にも関係しているのである．

2.2　形成期の地球の諸過程：太陽系形成の2つのモデル

　図14は原始太陽系星雲の進化の模式図を示している．それによると，まずガスや塵の濃集した雲から原始星が形成される．その原始星を囲む形で円盤が形成され，原始星はTタウリ星（原始太陽）へと進化していく．この状態を林フェーズとよぶ．主系列形成以前に恒星（太陽）が明るく輝く時期があることを林　忠四郎博士が発見し，その時期（Tタウリ）に対して命名された．こ

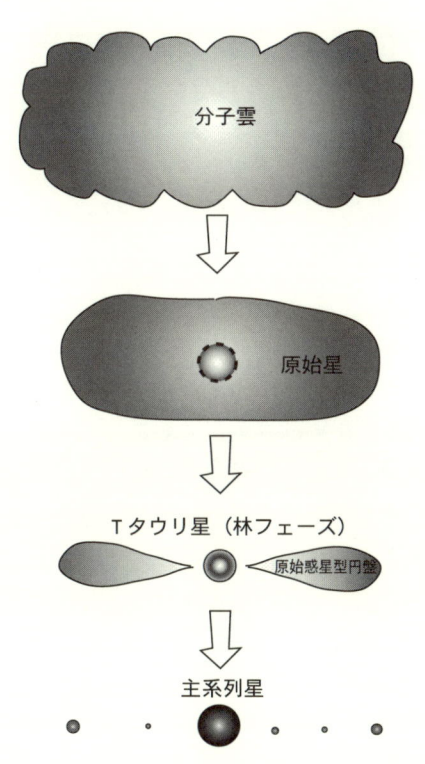

図14　分子雲から主系列星形成への道のり

の林フェーズにおいて原始太陽の近くでは岩石主体の塵が凝縮し，離れたところでは氷主体の塵が凝縮して，それらは原始太陽系の赤道面に沈殿した．岩石主体の塵は集積して地球型惑星へ成長する微惑星を，氷主体の塵は集積して木星型惑星へと成長する微惑星を形成していった．

　これらの集積は H_2 と He を主体として星雲ガス中で生じた．集積の末期の惑星形成のモデルとして，次の2つのモデルが提案されている．第1のモデルは，地球型惑星の形成は林フェーズよりも前だったというものであり，星雲ガスの散逸は地球形成以後であるというものである．この場合には地球の原始大気（一次大気）は円盤状に凝集した物質の間を漂う H_2 と He を主としたもので，還元的な大気になる．このような還元大気のもとでは生命の材料物質は生成されやすく，地球に生命が誕生したことを説明しやすくさせる．しかし現在の地球大気（二次大気）には，星雲ガス由来の H_2 や He を主とする大気が存在した痕跡がない．それに加え，現在の地球大気の He，アルゴン（Ar），キセノン（Xe）などの同位体組成にも星雲ガスを代表する成分の痕跡が残っていない．ここで考えられるのが，地球形成当初は星雲ガスをふんだんに含んでいたが，地球進化とともに星雲ガスが失われたか，始めから含まれていなかったかの2つの可能性である．還元的な原始大気が存在した場合を地球の進化とともに，その痕跡が残らないほど完全に散逸させるのは困難であることが，第1のモデルの大きな問題点である．

　第2のモデルは，地球型惑星の形成時に，H_2 と He の大気が太陽風によって吹き払われというモデルである．太陽が林フェーズを経たのはまだ地球型惑星が形成される前であったというモデルである．この第2のモデルによれば，地球型惑星の集積は星雲ガスのない状態で進行し，隕石物質から蒸発した水蒸気などが主体になり，惑星を取り巻く原始大気（一次大気）となるものであった．水蒸気は，多くの場合，酸化剤として機能する．すなわち水蒸気主体の原始大気は酸化的なものである．酸化的な大気は有機物の合成や生命の発生には不利である．

2.3 地球の形成過程

 太陽系形成のモデルには2つの種類があることを前節で解説した．ここでは，地球の形成初期の諸過程を詳しく述べる．初期地球形成の諸過程は，多くの点で他の地球型惑星におけるものと共通の部分が多い．

 地球は多くの微惑星や隕石が**集積・合体**してできたと考えられている（図15）．その後，地球表層はマグマオーシャンとよばれる時期を経て，核を分離し，原始地球の成層構造が形成されていった．しかし，火星ほどの大きさの天体が地球に衝突する現象が起きた．ジャイアントインパクトとよばれる現象である．これによって原始地球の表層は剥ぎ取られ，宇宙空間に放出され，やがてそれが月になった．その後も隕石の重爆撃は続き，マントルなどの化学組成などを少しずつ変えながら，地球は安定化した．こうした過程の詳細とそこに関係した問題を以下に詳説する．

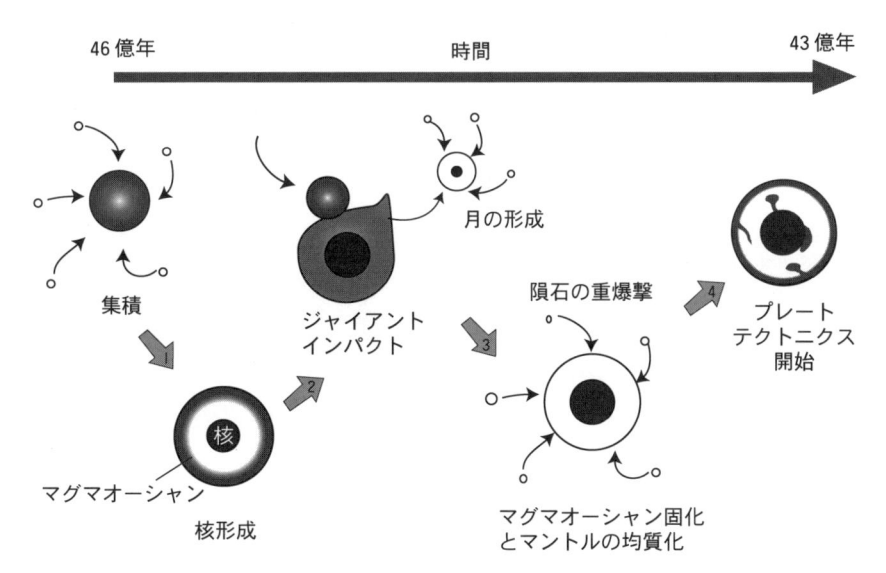

図15 初期地球の諸過程

2.3.1 地球の集積過程・核形成過程とマントルの化学組成

　地球は**核**，**マントル**，**地殻**という層構造をもっている．現在の惑星形成理論によると，このような層構造は，小天体や隕石が衝突し集積しあっただけで形成されたとは考えにくい．それは，集積の初期に金属鉄のみを集めて核をつくることが惑星形成理論や凝縮モデルからも困難だからである．したがって，地球の集積と同時または集積後に金属と他の成分（ケイ酸塩）が分離し，金属成分だけが地球深部にもたらされたと考えられる．

　金属とケイ酸塩が分離するときに，金属と同じ挙動をする元素が存在する．とくに金属鉄と挙動をともにする元素は**親鉄元素**（siderophile element）とよばれる．銅に代表され硫黄と挙動を同じくする元素には**親銅元素**（chalcophile element）という名前が付いている．一般にケイ酸塩側に分配され地殻に濃集しやすい元素を**親石元素**（lithophile element）とよぶ．親銅元素も親

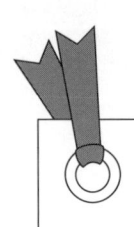

ブックマーク5：元素の分配

　溶液から結晶が沈殿するときに，溶液に残りやすい元素と結晶に入りやすい元素とに分かれ，2つの相（この場合，溶液と結晶）の間に元素の分配が起こる．結晶の中への元素の入りやすさの指標として，**分配係数**が用いられる．

　今，仮にマグマから鉱物が形成される状態を想定する．鉱物形成時には化学平衡に達していたとする．マグマの中に微量な元素 i が存在したとする．この元素 i の一部は鉱物に取り込まれ，一部はマグマに残る．もっとも単純な分配係数（D）は以下のように定義される．

$$D = \frac{\text{鉱物に入った元素 i の濃度}}{\text{マグマに残った元素 i の濃度}}$$

これら分配係数は実験によって求めることが可能であり，さまざまな元素について鉱物とマグマの間の分配係数が求められている．

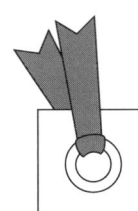

ブックマーク６：酸素分圧とバッファ曲線

　元素の分配や鉱物の形成を考えるときに，酸化還元状態が重要になる．たとえば磁鉄鉱（Fe_3O_4）とよばれる鉱物は酸素がふんだんにある環境（より酸化的な環境）では赤鉄鉱（Fe_2O_3）に変わる．

$$2\,Fe_3O_4 + 0.5\,O_2 = 3\,Fe_2O_3$$

　この反応での酸素量は，**酸素分圧**で示される．酸素以外のガスの圧力の総和を１とし，その中の酸素ガスが占める割合を用いる．これを酸素分圧とよび，P_{O_2} として表現する．酸化還元状態を表現する指標として，しばしばこの P_{O_2} が用いられる．

　たとえわずかな存在であっても，その存在があるために全体の状態を決めてし

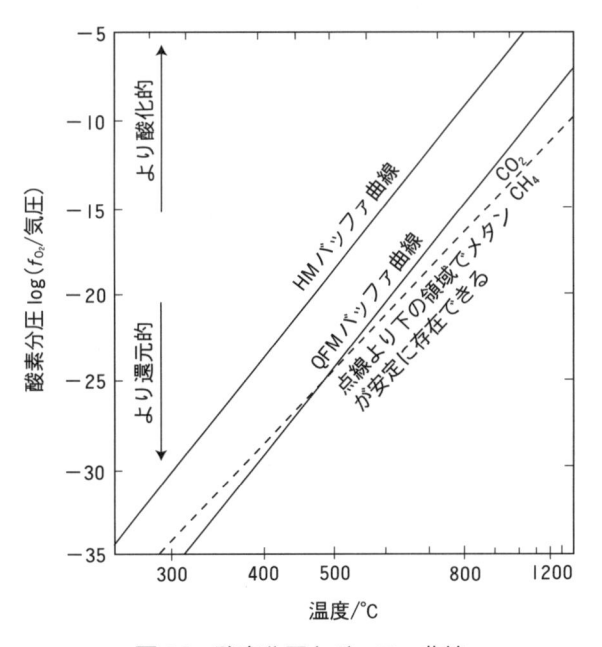

図16　酸素分圧とバッファ曲線

まう効果を**バッファ効果**とよぶ．宇宙や地球環境では，さまざまなガス成分や鉱物がバッファ効果をひき起こす．たとえば，上の磁鉄鉱と赤鉄鉱がともに存在するときは，酸素分圧は固定されてしまい，どちらかの鉱物がなくならないと，この固定された状態から抜け出すことはできない．磁鉄鉱（magnetite）/赤鉄鉱（hematite）が酸素分圧をバッファ（緩衝）しているためであり，この状態をそれぞれの鉱物英語名の頭文字をとって **HM バッファ** とよぶ．バッファ効果は温度によって変化する．たとえば磁鉄鉱/赤鉄鉱の存在によって決められる酸素分圧は図16のように変化する．一般に，こうしたバッファ状態の変化を示す線を**バッファ曲線**とよぶ．

このほかにも QFM バッファ，IW バッファなどがある．QFM は Quartz-Fayalite-Magnetite の鉱物名，IW は Iron-Wüstite の鉱物名の頭文字をとっている．地球の中心核周辺は IW バッファ付近あるいはこれ以下の酸素分圧が固定され，マントル上部では QFM バッファくらいの酸素分圧を保っていると考えられている．

鉄元素としばしば似たような挙動をするが，親石元素は別の挙動をする．核が地球の集積と同時または集積後に形成されたとすると，原始地球内部において金属鉄とケイ酸塩の間に元素の分配反応が起こったはずである．親鉄元素などは鉄とともに核に運ばれ，そうでない元素はマントルに残るという分配である．この反応の程度が現在の核とマントルの化学組成を規定していることになる．

常圧・高温で決定された金属鉄とケイ酸塩の分配係数を用いると，金属鉄とケイ酸塩が化学平衡にあるときのマントルの組成を見積もることができる．この化学平衡時の組成と現在のマントルの組成とは矛盾することが，多くの研究によって明らかにされてきた．とくにマントル中のニッケル（Ni）の元素存在度は，常圧での化学平衡モデルから期待される値に比べてはるかに大きく，ニッケルのパラドックスといわれてきた．また，現在のマントルの酸素分圧（酸化還元度の指標）は QFM バッファ付近にあり，核と平衡に共存する場合に期待されている IW バッファの酸素分圧よりも大きいことも重要な特徴である（ブックマーク6参照）．核とマントルが化学平衡にあれば酸化還元状態も似たものになるはずであるが，大きくかけ離れている．このような金属鉄とケ

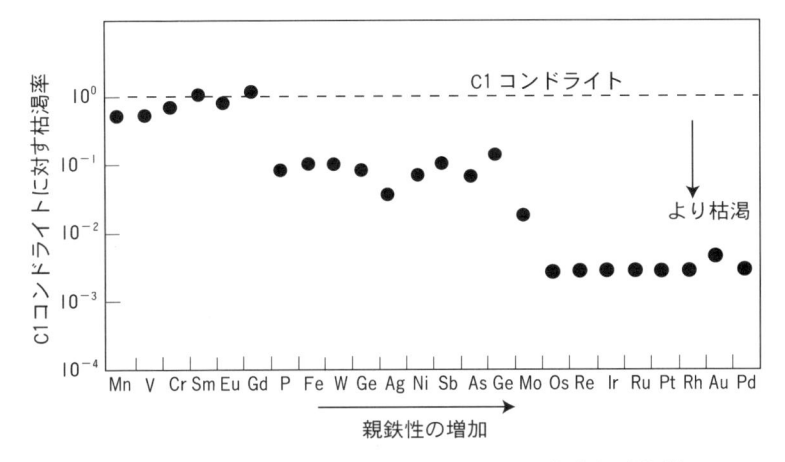

2. 初期太陽系と初期地球の形成過程　45

図17 マントル物質とC1コンドライトの化学組成比較

イ酸塩の化学平衡と現在のマントル組成との不一致は繰返し多くの研究者によって指摘されている．そしてこの問題は，初期地球における核の形成プロセスやマントルの分化*について，重要な制約を与えるものである．

マントルと地殻を合わせた地球のケイ酸塩部分の組成が，しばしばC1コンドライトと比較される．地球のケイ酸塩部分は，揮発性元素と親鉄および親銅元素について，枯渇しているという特徴がある．こうした組成の特徴を図17に示す．この図ではマントルの元素存在度はC1コンドライトで規格化し，さらにマグネシウム（Mg）の存在度が同じになるように規格化されている．後の章で解説するが，マントル物質（おもにカンラン岩）は入手可能であり，図の中ではその分析値が用いられている．C1コンドライトと存在度が同じ場合は図中の点線上にプロットされ，C1コンドライトより存在度が低い場合は，枯渇している（deplete）とよび，点線より下にプロットされる．元素によって枯渇率が異なる．一般にマントル物質の親鉄性が大きい元素ほどC1コンドライトに対して枯渇している．C1コンドライトの化学組成と比較したとき，以下のような特徴が存在する．

---

*　**分化**：均質の状態から融解に伴う動分離などによって組成の異なる部分に別れていく現象をいう．均質な原始的地球から鉄成分が分離する現象，原始的なマントルから地殻が形成される現象，これらはすべて分化である．

(1) カルシウム，アルミニウム，希土類元素（rare earth element: REE）などの難揮発性元素はC1コンドライトの約1.16倍
(2) ケイ素（Si）はC1コンドライトの約0.83倍
(3) バナジウム（V），クロム（Cr），マンガン（Mn）はC1コンドライトの約0.23〜0.62倍
(4) 鉄，ニッケル，コバルト，タングステン（W）などの親鉄元素はC1コンドライトの約0.08〜0.15倍
(5) ナトリウム（Na），カリウム（K）などはC1コンドライトの約0.18〜0.22倍
(6) 白金（Pt），イリジウム（Ir）などの白金族の元素，レニウム（Re）などはC1コンドライトの約0.003倍
(7) 硫黄（S），カドミウム（Cd），セレン（Se）などの非常に揮発性の大きな元素はC1コンドライトの約10^{-4}〜10^{-2}倍

このようにマントルの元素存在度の特徴は地球をつくった材料物質（＝C1コンドライト）の組成を反映している一方で，その後の分別作用の影響を強く受け，変化したと解釈されている．したがって，マントルの化学組成の意味する内容を丹念に読み取ることによって，地球の集積，核の分離の過程，マントル内部での分別作用を解明するための鍵を手にすることができる．

以下では，上記のマントルの化学組成について，(1)の特徴とともにこれまでパラドックスとして議論されてきた(4)および(6)の特徴についてもう少し詳しく説明する．マントル内部の難揮発性の親石元素（Ca, Al, REEなど）は，C1コンドライトの含有量と一致しない．このような親石元素の存在比率の特徴は，次章で述べるようにマントル内部での大規模な分別作用の有無の議論に大きな制約を与えるものと考えられている．

親鉄元素であるNi, Co, 銅（Cu），WなどはC1コンドライトの0.08〜0.15倍程度しか存在しない（(4)の問題）．金属鉄と共存するような酸化還元状態（酸素分圧を指標に用いたときのIWバッファ）では，金属鉄とケイ酸塩マグマとの間のニッケルの分配係数は非常に大きく3000程度となる．このことは，核とマントルが平衡に共存した場合には，金属鉄中にニッケルがケイ酸塩の3000倍も多く存在することになる．すなわち金属鉄（核）にほとんどの

ニッケルが入ってしまうことになる．実際のマントル中のニッケルの量は2000 ppm 程度で，このニッケルの濃度は，常圧から数ギガパスカル(GPa：10^9 Pa) の条件で金属鉄と平衡に共存する場合に期待される値に比べて非常に大きい．すなわち，金属鉄とマントル物質は平衡に共存しないことがわかっている．これは**ニッケルのパラドックス**とよばれ，オーストラリアの著名な地球化学者であり高圧地球科学の創始者であるリングウッド博士によって 1970 年代に最初に指摘された．それを説明するには分配係数が実験値よりも 2 桁以上も小さくなくてはならない．

マントルと地殻を合わせた金（Au），白金（Pt），イリジウム（Ir）などの白金族元素の存在度は，C1 コンドライトの 0.003 倍程度である（図 17）．さらに，白金族元素の相対的な存在度（白金族元素どうしの存在比）は C1 コンドライトと同じであることも重要な特徴である．一方，1 気圧・高温のもとで決定されたこれらの元素の金属とケイ酸塩マグマ間の分配係数は 10^5〜10^8 と非常に大きく，もし核とマントルが平衡にあったならば，実際のマントル中の白金族元素含有量は，1/30〜1/300 程度下げなくてはならない．しかし現実はその逆であり，実験から期待される値より含有量は高くなっている．このように白金族元素のような強親鉄性元素のマントル中での過剰な存在と C1 コンドライト的な相対的存在比は地球の地殻-マントル組成の重要な特徴である．このような白金族元素のマントルでの過剰を強親鉄元素のパラドックスとよぶこともある．マントル組成についてのこれらのパラドックスの説明は以下で述べる．

2.3.2 地球の集積とマグマオーシャン

a. マグマオーシャンとは？

マグマオーシャンという言葉が最初に用いられたのは，月においてである．月が形成されたときに表層が融けて深さ約数百キロメートルのマグマオーシャン（マグマの海）が存在していたことが，アポロ計画による月の石の研究から明らかになっている．このマグマオーシャンの中で結晶が形成され，鉄を含まない軽い鉱物（斜長石）が浮き上がって月の陸地の地殻が形成された．重い鉱物はマグマオーシャンの下に沈み表層には顔を出さない．月ではマグマオーシ

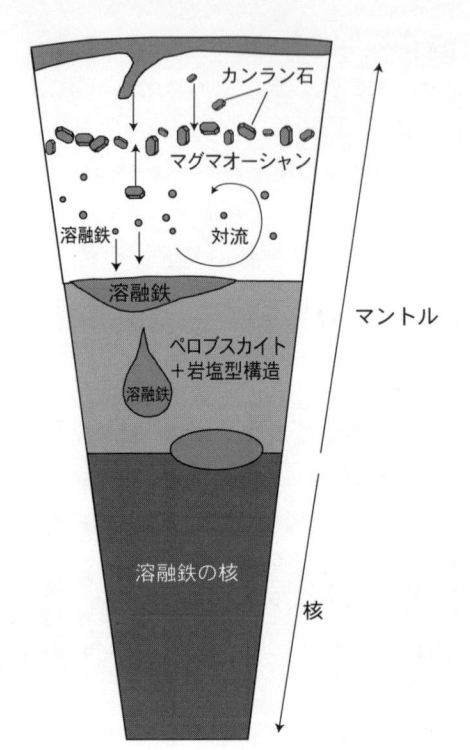

図18 マグマオーシャンと初期地球の層構造形成過程

ャンの痕跡が陸地の地殻としてはっきり見られるが，マグマオーシャンは地球にも存在した．

　地球の形成は46億年前にさかのぼる．地球の原型はいくつかのステップを経て形成された．まず第1のステップが集積過程である．微惑星の衝突と合体により惑星が成長する．この衝突・合体は何回も繰り返され，そのたびに惑星の大きさも成長する．衝突に伴う運動エネルギー，重力エネルギーが開放され，熱エネルギーとなる．この熱エネルギーは，合体してできた惑星の表層部を融かすことに使われる．そのエネルギー量は膨大で，惑星表面はマグマで覆われたような状態になる．これを**マグマオーシャン**という．半径1700 kmの月の集積エネルギーは大きくないが，それでもマグマオーシャンが存在した．半径が6370 kmとはるかに大きい地球では集積エネルギーはさらに大きいため，地球表面が融解しマグマオーシャンが形成されることは避けられない．

地球物質の高温高圧下での状態と，マグマオーシャン内の結晶化過程の関係を図18に示す．浅い部分では全溶融状態のマグマオーシャンが形成された．このマグマオーシャンの中では金属鉄とカンラン石などのケイ酸塩が分離しやすい．マグマオーシャン内で溶融した鉄は，マグマオーシャンの底にたまり，やがて最深部へともたらされる．その一方でカンラン石などがマグマオーシャン内部で結晶化し，マグマオーシャン内部を浮いている状態になる．こうしたプロセスが核とマントルという地球の基本的な層構造をつくりだす原因となった．マグマオーシャンの形成と核の分離ののち，初期地球ではさらに隕石の重爆撃が続き不安定な状態は続いたが，その後表層が固体の状態になると，プレートテクトニクスが始まった．

b. マグマオーシャンの深さ

　マグマオーシャンの深さにはさまざまなモデルがあり，100～1000 km 以上に及ぶと考えられている．この時期のマグマオーシャンの深さの見積もりは，マントルの親鉄元素の存在度からも推定されている．

　マントルの化学組成についての，注目される特徴は Ni の存在度である．Ni のパラドックスがマントルに存在することを前述した（2.3.1節）．この Ni のパラドックスの説明として，核とマントルは形成時期に熱力学的な平衡条件に

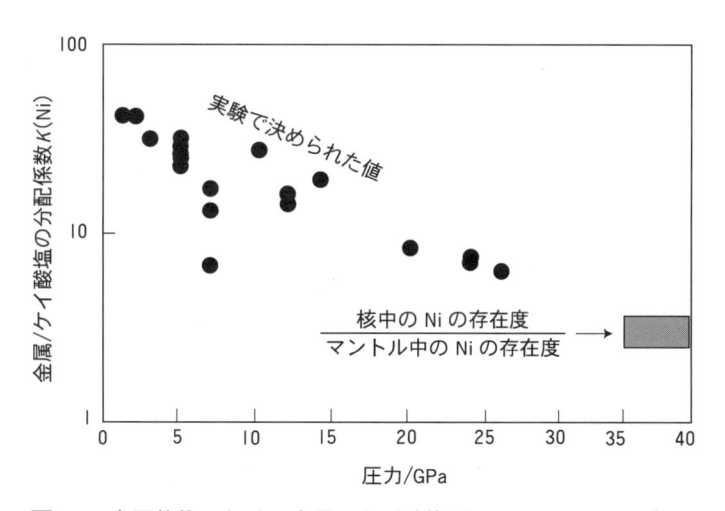

図19 高圧状態における金属・ケイ酸塩間のニッケルの分配係数

達しなかったというものがある．それと別な重要な解釈は，マントルと核は深いマグマオーシャンの底で熱力学的平衡にあった．すなわち，現在のマントルの Ni 存在度は，金属鉄と平衡に達したマグマオーシャンの底の条件を反映しているというものである．図 19 に金属鉄とマントル組成（ケイ酸塩）のマグマの間の Ni の元素分配係数をまとめたものを示す．図 19 は一定温度における圧力依存性を示している．この図から明らかなように，Ni の分配係数 K は圧力の増加とともに減少することがわかる．マントルの Ni 元素の存在度と合う分配係数を示す圧力は約 35〜40 GPa 程度の圧力となる．逆にこの圧力範囲で金属鉄の分離が起これば，十分な量の Ni をマントルに残すことができ，Ni のパラドックスを解決できる．すなわち，マントル中の Ni の濃度は核が形成された当時のマグマオーシャンの底の圧力が約 35〜40 GPa，3000℃ 程度（深さ 1100〜1200 km）の条件での化学平衡を記憶していると考えることが可能になる．

2.3.3 短期間で起こった地球の核形成？

地球の核はいつごろ生じたのであろうか．核形成の時期は，核に入りやすい元素（親鉄元素など）とマントルなどに残りやすい元素の分配の様子から推察される．しかし，元素の分配だけでは時間の情報は得られない．そこで，最近では時間の情報を与えてくれる親鉄性の放射性同位体に基づいた議論がなされている．

核の形成年代は ^{182}W の放射性同位体の挙動から推定することができる．放射性同位元素 ^{182}Hf（Hf：ハフニウム）が崩壊すると ^{182}W となる．その半減期は 900 万年程度である．すなわち太陽系がスタートしてから 900 万年の間に ^{182}Hf は ^{182}W となり半分は太陽系から消滅してしまう．こうした放射性同位体を **消滅核種** とよぶ．

^{182}Hf と ^{182}W の同位体の関係は，しばしば ε_W という値で表現される．ある基準に対して ^{182}W が多いか少ないかを表す基準である．地球のマントルの基準値 $\varepsilon_W=0$ にとると，隕石のうちさまざまなコンドライトの ε_W は -2 程度であり，隕鉄は -3〜-5 程度である．このことは，地球のマントルがコンドライトに比べて ^{182}W に富んでいることを意味する．タングステンは親鉄元素で

コラム5

地球内部を実験室で再現する

　地球内部は高温高圧の世界である．高温高圧の条件を実験的に再現し，そこでの地球構成物質の振舞いを解明して，地球内部を推定するのがひとつの重要な研究方法である．そのため，高温高圧を発生する技術は，地球科学の分野で開発・改良され，物理学，化学，材料科学など関連分野の研究にも用いられている．高温高圧を発生する方法として，2つの方法がある．第1は，静的な圧力発生法であり，第2は動的超高圧発生法である．

　静的な圧力の発生法は，試料部に荷重を加え，単位面積あたりの力として圧力を上げるものである．$P(圧力) = F(力)/S(面積)$　と表せるように，一定の力でも試料面積を小さくとると，装置の強度が十分に大きければ，高い圧力を発生することができる．圧力の単位は Pa（パスカル＝$N\,m^{-2}$）である．地球科学の目的に用いられている高圧装置にはダイヤモンドアンビル高圧装置とマルチアンビル高圧装置，そしてピストンシリンダ高圧装置などがある．これらの装置の代表であるダイヤモンドアンビル装置とマルチアンビル高圧装置を図20に示す．これらの高圧装置の達成条件と地球内部の研究対象を図21に示す．

　第2の動的超高圧発生法は衝撃波実験ともよばれ，火薬の爆発に伴う衝撃波を用いて試料を加圧する爆薬法，火薬の爆発によってヘリウムなどのガスを圧縮

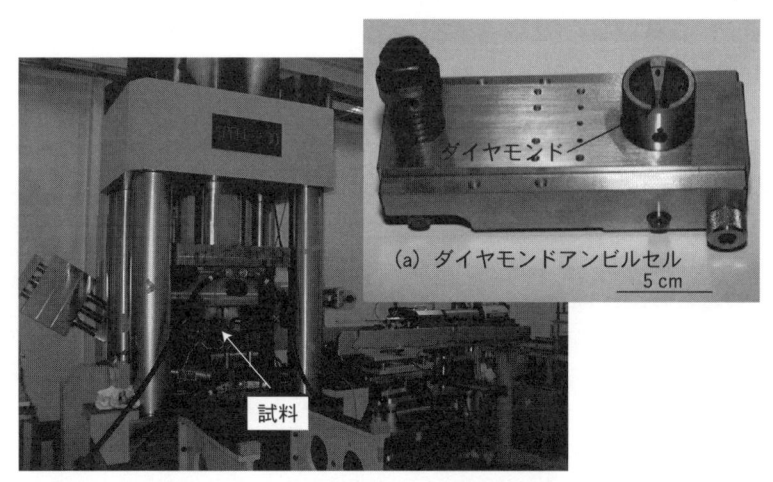

(a) ダイヤモンドアンビルセル
5 cm

(b) SPring 8に設置されているマルチアンビル型高圧発生装置

図20　マルチアンビル高圧発生装置とダイヤモンドアンビル高圧装置

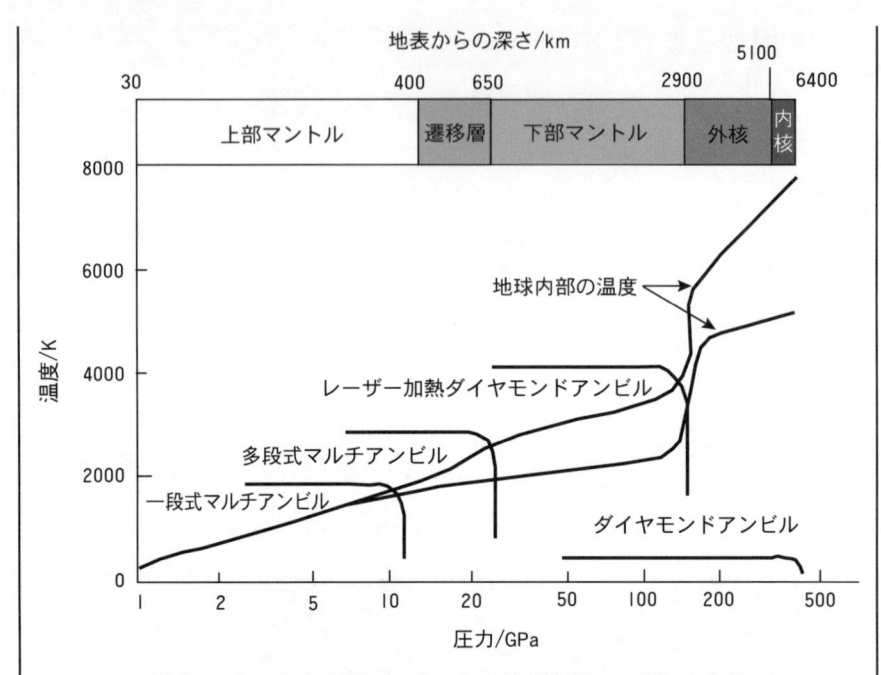

図 21 高圧発生装置で再現できる地球内部の温度圧力条件

し，このガスの圧力によって飛翔体を加速して試料に衝突させる二段式ガス銃，大電流を瞬間的に流したときに生じる磁場によるローレンツ力により飛翔体を加速し，試料に衝突させ圧力を発生させるレールガン，レーザーの出力を集中することにより圧力を発生するレーザー衝撃法などの方法がある．物質に衝撃波が加わる際，その物質の圧力と体積の関係をユゴニオとよぶ．このユゴニオの折れ曲がりから，結晶相の転移の存在を知ることができる．物質は衝撃波が加わるとユゴニオの状態方程式に従って圧縮され温度も上昇する．空隙率の大きな試料では温度の上昇が大きく，試料が融解することもある．衝撃波条件は隕石の母天体どうしの衝突や隕石の地球への衝突の際にも実現する．このような現象によって，さまざまな高圧鉱物が生成されている．鉱物だけでなく隕石衝突時の有機物の安定性や大気化学組成に与える影響などの研究にも用いられている．一般に実験的に実現できる衝撃波の持続時間は数マイクロ秒程度であるが，天然の現象では衝突物体のスケールが大きく，衝撃波の持続時間がはるかに長くなると考えられている．以上のように高温高圧発生法は地球内部研究に不可欠なものである．高温高圧の発生技術の開発研究も地球科学の分野で精力的に行われている．

あるから，^{182}W は核の分離に伴って取り去られてしまうはずである．それではどうしてマントルに濃集しているのであろうか．^{182}W の親元素である ^{182}Hf が存在するのは，元素の生成から短い時間に限られていた．^{182}Hf は親石元素であり，マントルに残りやすい元素なので，核の形成時期は ^{182}Hf が存在した早い時期であったために，^{182}Hf がマントルに残り，これが崩壊して ^{182}W を多量にマントルに残すことができたのである．すなわち，地球の核形成は集積の初期の ^{182}Hf がまだ十分に存在していた時期，すなわち，集積後，数百万年〜3千万年以内に起こったことになる．

かつて，Hf-W 同位体比は地球のマントルとコンドライトでは同じであるという結果が得られていた．このことは地球の核が形成した年代が従来考えられてきたより遅く，マントルと核の分離は ^{182}Hf の同位体の崩壊により消滅した後で生じたと考え，核の形成は太陽系形成後6千万年以降であると考えられた．しかしながら，近年，多くの研究室で ^{182}W 同位体のより正確な測定が行われ，これまでの測定が誤りであることが明らかになった．現在では，早い時期（数百万年〜3千万年の間）に核の形成が起こったものと考えられている．

2.4 惑星表面のクレーターと衝突現象

2.4.1 ジャイアントインパクト：月の形成

地球の衛星である月は異常に大きく，太陽系の衛星としては特異なものである．また，月の起源を説明するためには**ジャイアントインパクト**（giant impact）モデルが提案されている．このモデルは，地球の集積の末期に火星程度の大きさの微惑星が地球に衝突し，衝突天体の核は地球の核と合体し，地球のマントルと衝突天体のマントルが一部蒸発し，地球のまわりに凝縮し，これが集積することによって月が形成されたとするモデルである（図15）．このモデルは，地球と月の大きな慣性モーメントを説明できること，月の小さな核の存在（全体として鉄成分が乏しい組成）と揮発性元素の枯渇を説明できる点で，受け入れられている．月の岩石がもつ酸素同位体組成も地球のマントルの組成と同じ組成であり，地球のマントルと月の因果関係を示している．月が

つ形成された（＝ジャイアントインパクトがいつ起こった）か定かでない点もあるが，一般的に45億年前ころとされる．

このジャイアントインパクトモデルは月を説明するために導入されたが，惑星形成の後期には衝突する微惑星が大きくなり，集積の最終段階では，どのような惑星でもジャイアントインパクトは十分ありうるものと考えられている．ジャイアントインパクト説以外にも捕獲説（月は地球とはまったく別なところで誕生し，その後地球にとらえられたという考え方），分裂説（月は地球から飛び出してできたという説），双子集積説（月は地球のまわりで地球とは独立につくられたという考え方）なども月の起源説として存在する．

2.4.2　惑星表面のクレーターと衝突現象

太陽系形成初期の衝突・集積過程では，原始惑星の表面に大小の天体が落下し続けた．そのため，地球以外の天体はその表面が多くのクレーターで覆われている．これらのほとんどは隕石孔である．このような隕石の大規模衝突は地球にも存在したと考えられが，地球形成後の変動によってクレーターは消されてしまう．地球の近傍の月の表面にも多くのクレーターが存在する．月にあったのなら地球にも同様な衝突があったことを示唆している．したがって，衝突現象とクレーター形成は初期地球でもっとも重要な過程である．また，クレーターは大気の濃さによって異なる．金星のような濃い大気のなかでは特有のクレーターが形成されることがわかっている．

1994年夏，小天体であるシューメーカーレビー第9彗星が木星に衝突した．われわれ人類が小天体衝突を目撃できた瞬間であった．この彗星の木星への衝突の例からも明らかなように，隕石衝突は宇宙スケールでは頻繁に起こる現象である．木星の重力場は，隕石が地球などの内惑星に衝突するのを防ぐ役割も果たしている．その重力場に捕われない小惑星や，本来の軌道を大きくはずれたものは，地球の近くに飛来する可能性がある．

図22は月の衝突クレーターの累積頻度を示している．アポロ宇宙船によってクレーター周辺の岩石が回収され，いくつかの隕石孔に関しては年代も明らかになった．その年代に$1\,km^2$あたりのクレーター数をプロットしたものが図22である．クレーターの衝突頻度は一定ではなく，40億年以前には非常に

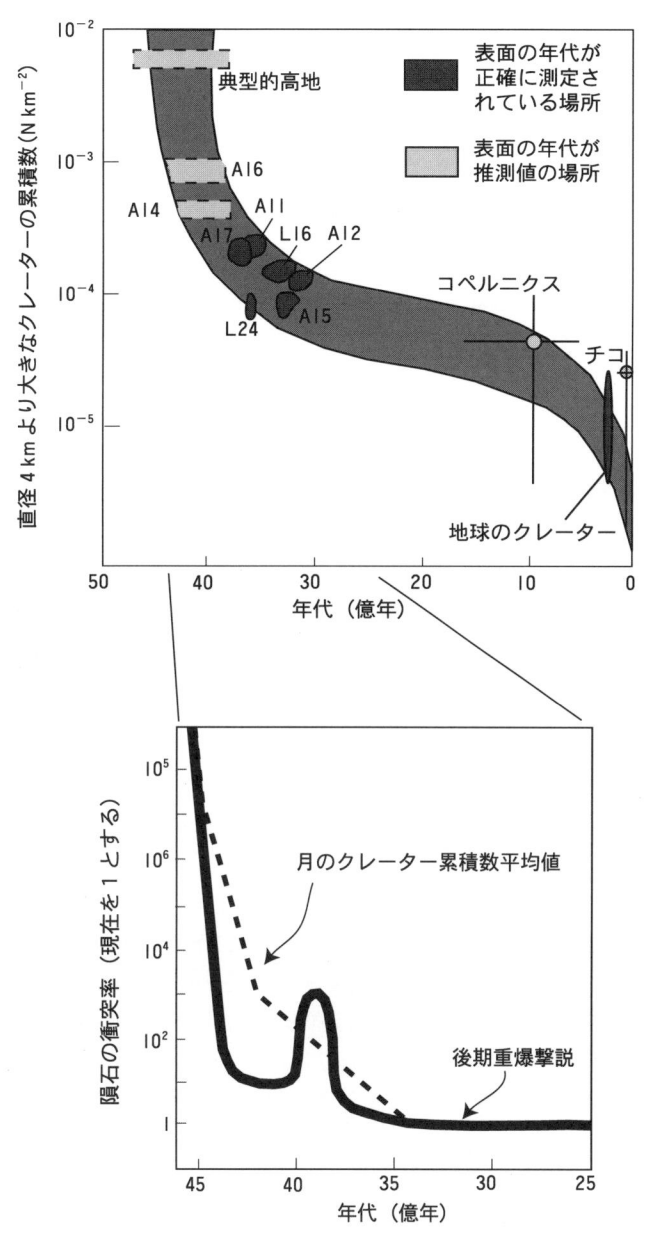

2. 初期太陽系と初期地球の形成過程 • 55

図 22　月のクレーターの頻度分布
クレーターの頻度分布は月に落下した隕石の頻度分布を意味する．

● コラム 6 ●

原始海洋・大気の起源

　現在の地球大気の 80% は窒素分子（N_2），20% は酸素分子（O_2）である．このような大気は，どのようにして形成されたのであろうか．火星や金星の大気の主成分は二酸化炭素（CO_2）であり，地球とは大きく異なる．初期地球の大気を現在の海洋など表面付近の水の量，地殻中の石灰岩や有機炭素の存在量をもとに計算すると，水蒸気が 300 気圧，二酸化炭素が 40～100 気圧程度，窒素は多めに見積もっても 2～3 気圧程度である．すなわち，初期地球の大気圧は 300～400 気圧に達していた可能性がある．このような初期大気の中の水蒸気は海洋を形成することで，大気からそのほとんどが除かれる．その海洋に二酸化炭素が溶け込み，カルシウムなどの陽イオンと結びついて石灰岩（$CaCO_3$）として固定され，大気から除去される．一方，長期間にわたる生物の光合成活動により，原生代以降に大気に酸素が蓄積され，やがて，現在とほぼ同じくらいの酸素濃度が実現されていたと考えられている．その一方で窒素は大気に残りやすい．現在の火星や金星の大気は二酸化炭素を主としているが，ごくわずか（1～2%）に窒素が含まれている．地球の大気は，海洋の作用により，二酸化炭素を除去することで，窒素が主成分の大気になったと考えられる．

　海洋の起源は，これまでさまざまな説が提案されてきた．ひとつの説は天文学者によって提案されたもので，地球史を通じて彗星の地球への衝突によって，水が供給されたというものである．一方，地球の海洋はより初期に形成され，地球の原始大気中の水蒸気が冷却して形成され，42 億年以前にすでに安定海洋が形成されていたという説もある．最近の宇宙探査機による彗星の水素の同位体比の直接観測によると，水素同位体比は地球の海洋のものと大きく異なっている．このことは，水が彗星の氷として地球にもたらされ，そのまま解けて海になったのではないことを意味する．水の水素同位体組成は，水が蒸発するときに大きく組成を変化させる．現在，海洋の起源としては，水蒸気を主成分とする原始大気の冷却によって形成されたとする説が有力になっている．

激しかったことを示している．それと同時に図 22 は 40 億年以降は現在まであまり衝突頻度は変わらないことを示している．これは月の例であるが，地球にも同様の頻度で隕石重爆撃があったと思われる．

2.4.3 地球における隕石重爆撃の証拠

　地球にも隕石の重爆撃の痕跡が認められる．しかし，それは隕石孔が残っているわけではなく，化学成分として残っているだけである．40億年前には，地球では核の形成，すなわち，マントルからの金属鉄の分離，が終わっていた．この時代に衝突した隕石の痕跡は，マントルの化学組成として認められると考えられている．すなわち，マントルの強親鉄元素の存在度にその痕跡が残されている．強親鉄元素であるAu，Pt，Ir，Rh（ロジウム），Reなどの元素は，鉄と合金をつくりやすく，核がマントルから分離する際にほとんどが金属鉄と合金をつくり，マントルには残らないと考えられる（図17）．これらの元素の金属鉄とケイ酸塩マグマやマントル物質との分配係数は実験的に詳しく調べられている．それによると，実験的に予想される強親鉄元素の存在度は，実際のマントルの存在度の1/30以下である．すなわち，実際のマントルには強親鉄元素が実験から予想されるよりも30倍以上多いのである．この解釈として，核形成が完了したあと，地球質量の約0.3%程度のC1コンドライト隕石が地球に衝突し，マントル内部に混合均質化されたために，これらの強親鉄元素の過剰が表れたものと解釈することができる．

　0.3%程度の隕石量は実際に少ない量である．しかしC1コンドライトに含まれる揮発性成分の地球への新たな付加という観点で無視できない問題がある．この程度の始源的隕石が衝突した場合に，隕石から供給される水の量は地球の海水の量を説明できる．すなわち，海洋の起源からも興味深い問題を提起する．さらに，C1コンドライト隕石には有機物も含まれており，生命起源に関係した有機物が隕石起源である可能性も否定できない．

第 **3** 章

地球物質とその性質

3.1 地球の層構造

　多くの**地震波**は地球内部を伝搬する．地震波の情報を詳細に読み取ることにより，地球内部の構造が推察される．地球の内部は地震波速度の分布に基づいて地殻，マントル，核の3つに区分することができることがわかっている．また，地震波速度の分布に基づいて，地球内部はしばしばA層からG層までの7層に区分される．この区分は，地殻（A層），上部マントル（B層），**マントル遷移層**（C層），下部マントル（D層），外核（E層），内核境界（F層），そして内核（G層）である．これらの層区分に加えて，核とマントルの境界部厚さ 200 km 程度の部分は，地震波速度に異常が認められ，とくに D″（D ダブルプライム）層ともよばれている．地球の層構造を示す地震波速度分布を図23に示す．上部マントルとマントル遷移層の境界には，密度と地震波速度の不連続的な増加が認められる．図23中の V_p が縦波速度（P波），V_s が横波速度（S波）であり，不連続は V_p，V_s の両方に起こる．この部分を 410 km の地震波不連続面とよぶ．またマントル遷移層と下部マントルの境界も密度（ρ），地震波速度の不連続的な増加が認められ，660 km の地震波速度不連続面とよばれている．マントル遷移層の地震波速度や密度の不連続的な変化は，マントル鉱物の相転移によると考えられている．

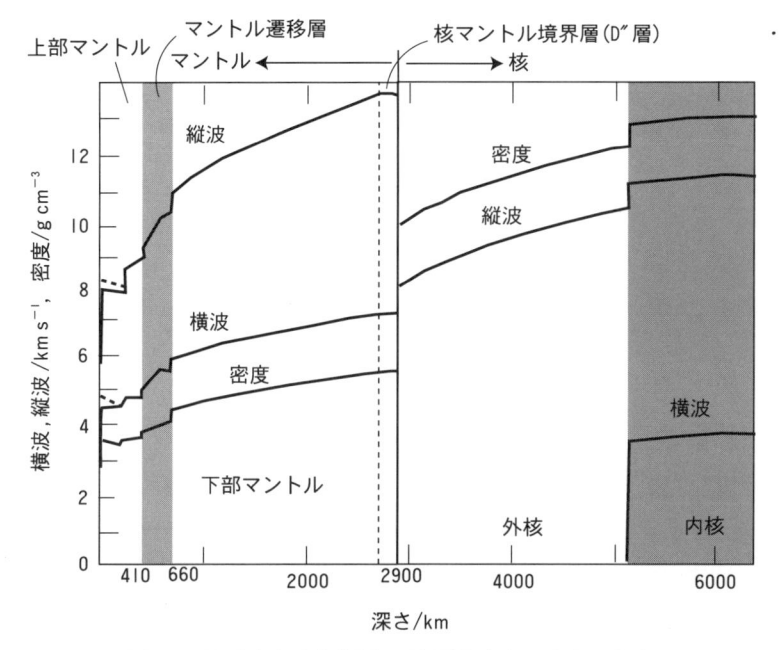

図23 地球内部を伝播する地震波速度と密度の分布

• コラム 7 •

アダムス-ウイリアムソンの関係式

惑星が均質な完全弾性体であり，断熱温度勾配に従う場合には，以下のようなアダムス-ウイリアムソンの関係式が成り立つ．

$$\frac{d\rho}{dr} = \left(\frac{d\rho}{dP}\right)_s \left(\frac{dP}{dr}\right)$$

$$\frac{dP(r)}{dr} = -g\rho$$

$$K = \rho\left(\frac{dP}{dr}\right)_s = \rho\Phi$$

したがって，

$$\frac{d\rho(r)}{dr} = -\frac{\rho(r)\,g(r)}{\Phi(r)}$$

上記式で ρ は密度，r は地球中心からの距離，Φ は地震パラメーターとよばれ，K/ρ と定義される．P は圧力，g は重力加速度である．

この関係を**アダムス-ウイリアムソンの式**という．

しかしながら，実際の地球においてはこの関係式は成り立たない．これは現実の地球は，さまざまな不均質が存在し，均質・弾性体・断熱温度勾配からさまざまな程度にずれているからである．このような現実の地球の不均質性を記述するために，不均質パラメーター η_B が導入されている．

$$\frac{d\rho(r)}{dr} = -\frac{\eta_B \rho(r) g(r)}{\Phi(r)}$$

すなわち，

$$\eta_B = -\left(\frac{d\rho(r)}{dr}\right)\left(\frac{\Phi(r)}{\rho(r) g(r)}\right)$$

マントル遷移層においては $\eta_B > 1$ である．これは，マントル遷移層においては鉱物の相転移が存在し，均質な物質の断熱圧縮よりも高密度になっているためである．一方，地球表層部および上部マントルでは $\eta_B < 1$ である．これは，地球の浅部では断熱温度勾配に比べて大きな温度分布をもっており，深さ方向の密度の増加が断熱温度勾配で期待される変化よりも小さいためである．

● コラム 8 ●

マントル遷移層は地球の貯水池？

410 km の地震波不連続面は，マントルを構成する主要構成鉱物であるカンラン石が変形スピネル相に相転移する場所に対応する．変形スピネル相は，ウォズレアイトとよばれて，マントル遷移層の上部を構成する．この鉱物は天然の衝撃を受けた隕石中に発見されている．また，マントル遷移層の下部はスピネル構造をもつカンラン石の高圧相リングウッダイトからなる．最近の研究によって，マントル遷移層を構成するこれらの高圧相は 2～3 wt% の水をヒドロキシ基 (OH) として含むことが明らかになっている．ヒドロキシ基は水 (H_2O) に由来し，マントル物質中のヒドロキシ基の量をマントル中の水の量と読み替えることができる．このことは，マントル遷移層が最大 1% 程度の水を含みうることを意味している．その貯水能力は海洋の水の約 2～3 倍にもなる．すなわちマントル遷移層は，地球でもっとも大きな貯水池である．

マントル内部の**電気伝導度**は，場所によって大きく異なっている．沈込み帯の近傍の中国東北地方の上部マントルとマントル遷移層がよい例である．中国の地下では，アメリカ・コロラド台地のように大陸地殻がマントルに比べて大きな電気伝導度を示している．一般に結晶中に水（水素）が微量に含まれると電気伝導度が増加することが知られている．したがって，観測される電気伝導度の異常の

地域差は，上部マントル深部とマントル遷移層が，水素の濃度について不均質であることを示唆している．結晶中の水素の拡散係数は，主要元素の拡散係数に比べてはるかに大きいが，マントル対流やプレートの沈込みの速度（数 cm y^{-1}）に比べて遅い．この拡散速度では，数千万年を経てもマントル遷移層が水素（水）濃度について，均質になることはない．

3.2 地球内部構造と地球内部のダイナミクス

地震波に基づく地球の層構造分類と各層の名前は，広く一般的に使われている．一方，**プレートテクトニクス**で説明される地球のダイナミックな運動からみると，地球内部構造に対して別の区分が可能になる（図24）．地球表層部はプレートとよばれるいくつかの岩盤からなる．世界地図のなかで，大陸と大陸の間の海洋底に，いくつもの亀裂が連なった場所が存在する．この亀裂が延々と連なった場所が，一般に**中央海嶺**とよばれている．中央海嶺は，海底火山が集中的に活動している場所である．ここでは水深3000〜4000 mの場所で火山

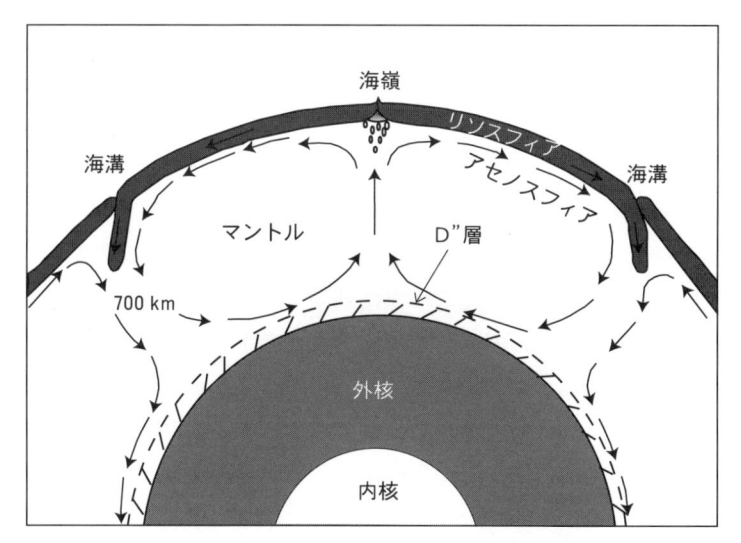

図24 プレートテクトニクスと地球内部構造

活動が行われている．中央海嶺はいわば海底火山の活動によって周辺より高められた海底山脈のようになっている．この中央海嶺では，1200〜1500℃の高温のマグマが定期的に噴出し，新しい岩石が形成される．ここで形成される岩石は**玄武岩**である．新しい玄武岩が集積し海洋地殻を形成する．中央海嶺は，いわばプレートが新たに生産される場所である．この新しい地殻の中には海底に噴出できなかったマグマがとどまり，そこで固まるものがある．そこで固まったマグマの組成は玄武岩と同じであるが深成岩であり，**ハンレイ岩**とよばれる（ブックマーク4「マグマの活動で形成される岩石」参照）．玄武岩，ハンレイ岩などからなる地殻は，ベルトコンベアに乗るようにして，中央海嶺を軸にして，対称方向に移動していく．移動していく地殻は，そのすぐ下のマントルとともに延々とつながり，一枚岩のような挙動を示す．プレートは地表付近では弾性的な振舞いをし，100〜200 km程度の厚さで海洋地殻・マントル一体となって運動する．この100〜200 km程度の厚さで一体となって運動している部分は**リソスフィア**とよばれている．この下部には，粘性が低く地震波速度も小さい低速度層が発達している．このリソスフィアの下部の低粘性の部分を**アセノスフィア**とよんでいる．新しく生産されたプレートは，人間の爪が成長するスピードと同じくらいの速度（数 cm y^{-1}）で移動する．そのプレートの動く方向と平行に長大な断層が発達する．これを一般に**トランスフォーム断層**とよび，中央海嶺が広がってできる亀裂とともにモザイク状に断層のつながりをつくる．

　プレートが長距離移動し，ある段階になると，ふたたびマントルに戻ろうとする．いわゆるプレートの**沈込み**が起こる．沈み込むリソスフィアを**スラブ**ともよぶ．沈込みが起こる場所では，その上に火山列島ができる．日本はまさに太平洋プレートが沈み込み，そこに火山列島ができている場所である．プレートの沈込みに誘発されて，マントルでマグマが発生し，それが地表に噴出することで火山列島をつくると考えられている．こうした火山列島は，ちょうど弓の弧のように島が配列することから，**島弧**とよばれる．日本列島も島弧と分類される火山列島である．ここでも溶岩が噴出し玄武岩が形成される．それに加えて，玄武岩よりも密度の低い**安山岩**なども形成される．

3.3 地球をつくる物質と相転移

3.3.1 地殻をつくる物質と化学組成

地殻は地球の質量の0.3%にすぎず,地球の半径に比べて非常に薄いが,大気・海洋とともに人間生活に影響する重要な領域である.地殻は大きく**海洋地殻**と**大陸地殻**に分けられる.海洋地殻は海洋底玄武岩からなり,その上部が堆積物の薄い層で覆われている.海洋底に現存する最古の海洋地殻の年齢は2億年であり,それより古い海洋底は存在しない.これは2億年より前のプレートが,沈込みによってマントル内部に帰ってしまったからである.このような2億年のサイクル(プレートの生産と消滅サイクル)を**ウイルソンサイクル**とよぶ.

2億年以前の海洋地殻の情報を得ることも可能である.海洋地殻はしばしば,プレートの動きに伴って沈み込まず,島弧に付加してしまうことがある.海洋地殻が付加した地層が分布する地域を**付加体**とよぶ.現在の日本列島にも太平洋プレートで押されてきた海底の泥や溶岩などが,付加し続けている.こうして海底にあった堆積物や溶岩が,既存の地殻の中に取り込まれて,一部は陸化する.付加体に加え,古い海洋地殻が陸化してしまっている場所も存在する.陸上に現れた海洋地殻と最上部マントルの層を**オフィオライト**とよんでいる.アルプス山脈やオマーンなどで,大規模にかつての海洋地殻の断片が陸に顔を出している.日本でも北海道などで見られる.

大陸地殻は,通常20〜40 kmの厚さをもつ.深度に応じて,圧力や温度も変化し,構成する岩石も異なっている.上部〜中部地殻は,**堆積岩**類や**花崗岩**類,火山噴出物などからなり,一般に地殻の地震活動は上部地殻に限られている.

地球を"化学"の目で見ようとする動きが19世紀ころからヨーロッパを中心に起こった.いわゆる**地球化学**の創成である.地球化学研究の開始時には,いくつかの中心的課題があった.そのひとつに大陸地殻(上部地殻)の平均化学組成を決めるという問題があった.世界中の大陸から5千を超す岩石を採集

し，化学組成を測定し，平均値を出すという，非常に手間のかかる仕事が1924年にクラーク博士とワシントン博士の共同研究で行われた．ここで得られた値は現在用いられている大陸平均組成と少し差があり，両博士の見積もった数字を大陸平均組成として使う研究者はいなくなった．しかし，この数字はしばしば**クラーク数**として岩石の化学組成を比較するときに用いられる．

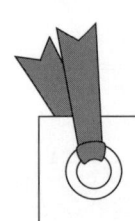

ブックマーク7：変成作用

　変成作用とプレートテクトニクスは深く結びついている．海洋堆積物はプレートとともに沈込み帯に運ばれる．あるものはマントルに沈み込み，あるものは大陸地殻や島弧に付加する．いずれのケースでも海洋堆積物は，高温高圧の状態にさらされ変成作用を被ることになる．海洋堆積物が変成作用を受けると，まず粘板岩とよばれる変成岩になる．それがさらに高温高圧状態にさらされると，片岩となる．粘板岩から片岩にかけて，岩石の中に入っている鉱物が，圧力のかかり方に応じて，ある方向性を持ち並んでくる．すると今までの地層の方向とは異なった構造が岩石に発達する．これを片理とよぶ．片理の発達した岩石がさらに高温高圧にさらされると片麻岩になる．片麻岩の段階になると，もとの堆積岩の構造や組成も大きく変わってしまう．

　玄武岩などで構成される海洋地殻は片岩や角閃岩とよばれる変成岩になりやすい．大陸内部では，マントルから供給されたマグマがとどまったり，場合によっては大陸自身が融けて2次的にマグマを発生させることがある．大陸地殻内部にとどまっているマグマは，しばしばマグマ周辺の岩石を焼いてしまう．こうすると周辺の岩石が高温にさらされて，**接触変成作用**とよばれる現象が起こる．このときにできる典型的変成岩がホルンフェルスとよばれる岩石である．

　一方，造山運動によって地下の温度・圧力条件にさらされて，広域に変成岩ができる作用を**広域変成作用**という．このような変成作用を受けた変成岩のあるものは，プレートの沈込みに伴って沈み込んだ海洋底の堆積物や玄武岩がマントル内部で変化したものと考えられている．

その後，地球化学者**ゴールドシュミット**は，もう少し簡単に大陸地殻化学組成を出せる方法はないか考案した．そこで着目したのが氷河堆積物である．地球は，何回か大規模な氷河期を経験した．氷河の全盛期には多くの大陸が氷河に覆われていた時期があった．氷河は大陸を削り，削った物質を別の場所に運ぶ．氷河の先端では，氷河が解けると同時に運ばれてきた大陸のかけらが積もる．この堆積物の平均組成が，大陸の平均化学組成になるのではないかとゴールドシュミット博士は考えたのである．結果的にそれは当たっていた．大陸上部地殻の平均化学組成はSiO_2量にすると64〜66 wt%に相当し"花崗岩的"組成であることがわかった（図25）．この組成は玄武岩とハンレイ岩からなる海洋地殻と大きく異なる．花崗岩は玄武岩やハンレイ岩それにマントル物質であるカンラン岩に比べ密度が小さいのが特徴である．

下部地殻では**ハンレイ岩**またはこれに水が加わった**角閃岩**などが重要な岩石になる．下部地殻においては温度圧力が高く，岩石がその圧力や温度や周辺の環境に応じた組成や組織をもつようになる．こうした作用を**変成作用**とよび，こうした作用で形成された岩石を**変成岩**とよぶ．角閃岩も変成岩であり，地殻の厚さ（＝圧力）や地温勾配に応じてさまざまな変成岩が地殻内で形成される（ブックマーク7「変成作用」参照）．

大陸地殻を構成する変成岩のうち，とくに高圧で形成される岩石はプレートの沈込みに伴って，いったん，地球深部に運ばれ，そこで平衡に達すると考えられている．最近，このような変成岩の中にダイヤモンドやシリカ（SiO_2）の多形であるコーサイトが見い出されている．このような変成岩は**超高圧変成岩**とよばれている．とくにカザフスタン地域のコクチェタフ岩体からは微細なダイヤモンドがザクロ石（ガーネット：宝石にもなる高圧鉱物）の内部に取り込まれた結晶包有物として見い出された．この発見は，この岩体が，かつて200 km（圧力60 GPa）にも及ぶ深さにまで達し，その後隆起したものという新しい知見を生んだ．最近の超高圧変成岩の研究によると堆積岩を含む大陸地殻起源の岩石も，上部マントルの深部にいったん沈み込んだことが明らかになっている．大陸地殻を構成する堆積岩や変成岩の一部はプレートの沈込みに伴って，さらにマントル深部まで運ばれている可能性がある．このように地殻の変動はこれまで考えられていたよりもはるかにダイナミックであることが明らか

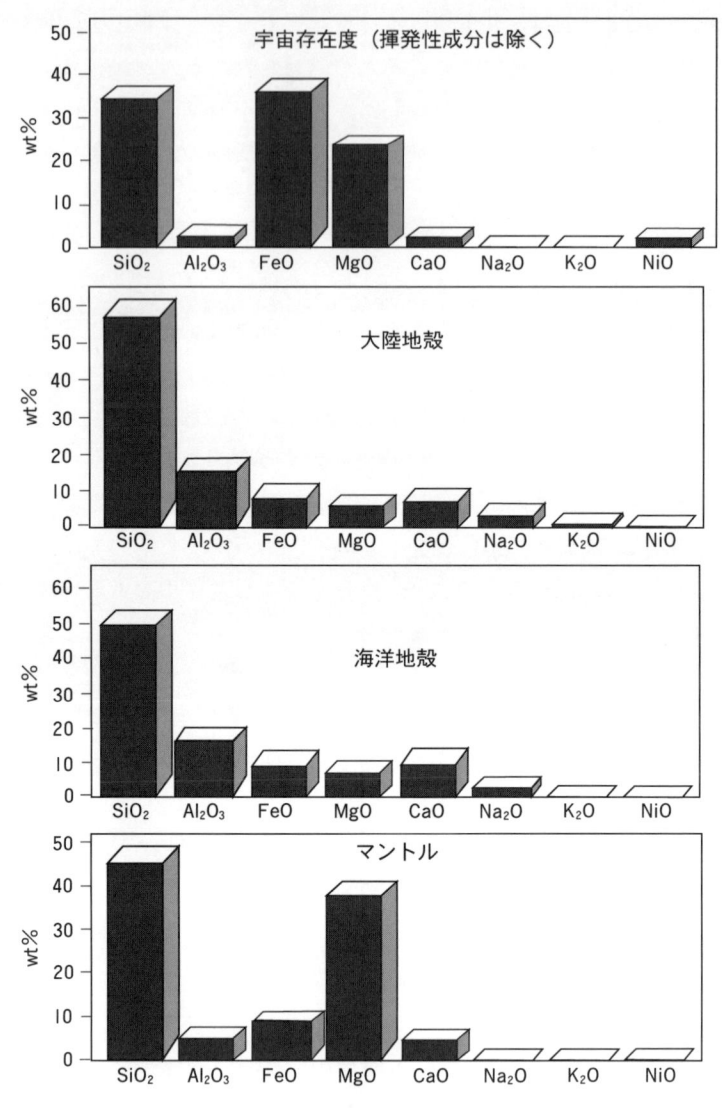

図 25　宇宙存在度と地殻・マントルの組成

になってきた．

● コラム 9 ●

新しい分析機器の導入と地質学

　天然の岩石や鉱物は18～19世紀にはハンマーで採取した岩石・鉱物を肉眼鑑定をもとに記載・分類され，それが唯一の研究手法であった．ここに偏光顕微鏡が導入され，研究手法は格段に進歩した．偏光顕微鏡の歴史は1829年にイギリスのニコル博士が偏光プリズムを発明したことに始まる．その後，岩石や鉱物を光が通るくらいまで薄くし，顕微鏡で観察するようになったのは1850年代ころからである．現在では偏光顕微鏡は天然の地質試料を調べるために不可欠な道具となってきた．しかしながら，このような伝統的な手法に代わって，さまざまな分析機器が導入され，新しい発見が相次いでいる．すなわち，いままで見えなかったものが，新たな装置の導入によって，発見されつつあるのである．

　第1の例は，超高圧変成岩中の高圧鉱物ダイヤモンドの発見である．これは，数十マイクロメートル以下の鉱物中の包有物をマイクロラマン分光装置（ラマン分光顕微鏡）を用いて測定し，ダイヤモンドを同定したことによる．この発見によって，大陸地殻が150～200 kmの深部に沈み，さらに隆起したというダイナミックな地殻の運動がみえてきた．第2の例は，隕石中の衝突時にできた溶融脈や地球上の隕石クレーターの中にさまざまな高圧鉱物が発見されたことである．この発見は透過電子顕微鏡の導入によるところが大きい．

　日本が誇る高エネルギー加速器を用いた研究も盛んに行われている．兵庫県にあるSPring 8はその代表的な施設である．光速に近い高エネルギーの電子または陽電子が磁場中を通過すると，磁場によって軌道が曲げられ，そのとき軌道の接線方向に電磁波（光）を出す．この現象をシンクロトロン放射，このとき放出される電磁波を放射光とよぶ．SPring 8には放射光を用いた実験設備が備わっている．放射光に由来する非常に強力なX線を高温高圧状態に保持した試料に照射し，そこから回折されるX線を解析することによって，高温高圧下で安定な鉱物の結晶構造がわかるのである（図20も参照）．

3.3.2　マントルの化学組成と鉱物組成

a.　マントルの化学組成

　地球を構成する各部分において，地殻の質量はおよそ0.4 wt%，マントルは70 wt%，核は30 wt%（そのうち，内核は核の10 wt%）をなしている．こ

のように，マントルは地球のケイ酸塩部分の大部分を占める．したがって，地球の組成を推定するためにはマントルの組成を知る必要がある．

　マントルの化学組成，とくに上部マントルの化学組成はどのようにして推定するのであろうか．マントルの化学組成は以下のような方法によって推定されている．まず，(1) マントル由来の岩石に基づいて推定する方法がある．マントル由来の岩石にはマグマによって地表にもたらされた**マントル捕獲岩（ゼノリス）**や構造運動によって最上部マントルが露出したカンラン岩体などが知られている．マントル由来の岩石は多くは**カンラン岩**とよばれる岩石である．そのなかで，カルシウムやアルミニウムなどの玄武岩成分を含む未分化のカンラン岩の化学分析値は，マントルを代表する組成であると考えられている．また (2) リングウッド博士によって提案されたパイロライトとよばれる仮想的な岩石もマントルを代表する組成である．これは，玄武岩とカンラン岩を，主要元素がコンドライトの比率（玄武岩：カンラン岩＝1：4（重量比））になるように混ぜ合わせたものである．これ以外に，(3) マグマの組成から推定する方法もある．初期の地球の太古代においてマントルが大量に融けて生じた，鉄とマグネシウムに富んだ超苦鉄質のマグマが生じた．このマグマが固まってできる岩石がコマチアイトとよばれ，採取し分析できる．この岩石をつくったマグマの組成は，もとのマントルの化学組成をほぼ代表していると考えられる．事実このマグマからのマントル組成の推定と上記 (1) のカンラン岩からの推定とはよく一致している（表9）．

表9　上部マントルの化学組成

成分	大陸上部地殻	海洋地殻	マントル	石質隕石
SiO_2	63.9	49.6	48.1	30.1
TiO_2	0.6	1.5	0.1	0.2
Al_2O_3	15.2	17.1	3.0	2.9
Fe_2O_3	2.0	2.0	—	5.8
FeO	2.9	6.8	12.7	19.0
MnO	0.1	0.2	0.4	0.3
MgO	2.2	7.2	31.2	21.6
CaO	4.0	11.6	2.3	2.0
Na_2O	3.1	2.8	1.1	0.4
K_2O	3.3	0.2	0.1	0.1

数値は質量％，岩石の化学組成は酸化物の形で表されることが多い．

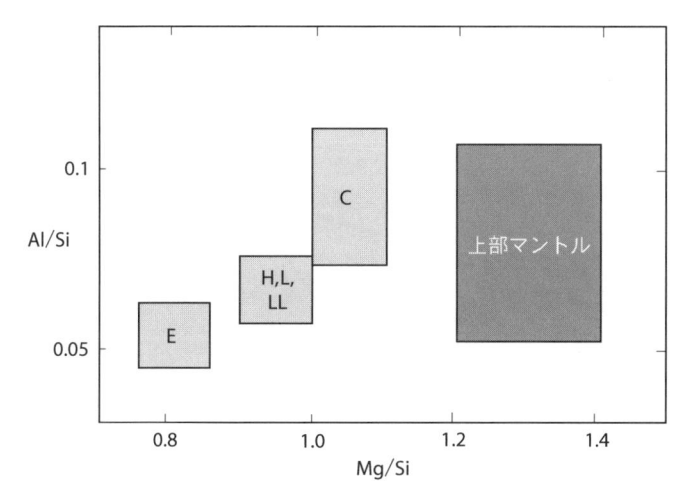

図26 上部マントルの Mg/Si 比と Al/Si 比の特徴
上部マントルはコンドライトに比べて大きな Mg/Si 比をもつ．

こうして求められた化学組成を用いて図26で上部マントル化学組成と隕石化学組成の比較を行った．C1コンドライト存在度や宇宙存在度においては，Mg/Si 比はほぼ1である．C1コンドライトは地球をつくるうえで重要な材料物質であるので，本来なら親鉄元素や親銅元素以外はマントルに残り，C1コンドライトと似たような組成（または組成比）をもつはずである．これに対して，マントル組成の特徴は Mg/Si が1より大きい．これは，たいへん重要な特徴である．このようなマントルの化学組成の特徴は，(1) ケイ素が核に固溶しているために結果的にマントルはケイ素に枯渇している，(2) Mg/Si 比が1より大きいのは上部マントルに限られており，下部マントルは Mg/Si 比が1より小さい，(3) マグネシウムに比べてケイ素は揮発性が高く，地球の起源物質はもともと，宇宙存在度に比べてケイ素に枯渇していたなどと説明されている．

b. マントルの鉱物組成：カンラン岩をつくる鉱物

マントルを構成する主要岩石であるカンラン岩は，約60％のカンラン石，そして，残りは斜方輝石，単斜輝石，そしてアルミナを含む鉱物からなる．上部マントルの鉱物構成を図27に示す．

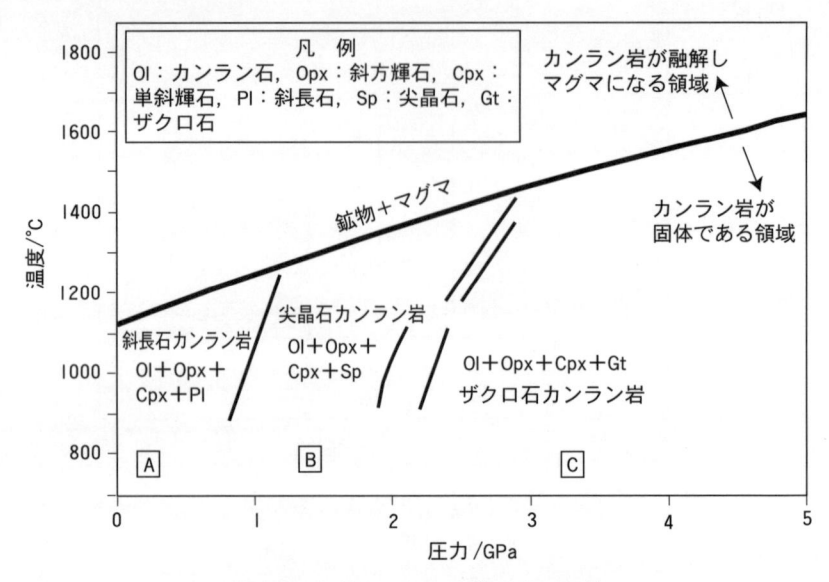

図27　上部マントルを構成する鉱物

　アルミナを含む鉱物は上部マントルの温度-圧力条件に従って，斜長石，尖晶石（スピネル），ザクロ石と変化し，それぞれ斜長石カンラン岩（図27のA），尖晶石カンラン岩（図27のB），ザクロ石カンラン岩（図27のC）とよばれている．最上部マントルは一般に尖晶石カンラン岩からなるが，高温部は斜長石カンラン岩，そしてより高圧の深部の上部マントルはザクロ石カンラン岩からなる．マントルを構成するカンラン岩は，玄武岩マグマやキンバライトマグマの噴出に伴って捕獲岩（ゼノリス）として地表にもたらされている．これらの捕獲岩の多くは尖晶石カンラン岩やザクロ石カンラン岩である．

　日本でもこうしたマントル捕獲岩を採集できる．秋田県の男鹿半島に一の目潟とよばれる湖がある．これはかつての火山活動でできた火口が湖になったものである．一の目潟の周辺には，火山活動で噴出した岩石が堆積している．そのなかに日本列島の下部地殻（角閃岩など）をつくる岩石やマントル捕獲岩（尖晶石カンラン岩など）が存在するのである．

3.3.3 マントルにおけるマグマの発生

　日本列島は火山列島である．身近なところに活動的な火山が存在し，最近でも三宅島，浅間山などでの火山噴火の様子がしばしば報道されてきている．火山から噴出するマグマは，どこでつくられるのであろうか？　ほとんどのマグマは上部マントルで発生する．カンラン岩の一部が融けてマグマになる（図27）．図27の太線より下の温度-圧力条件ではカンラン岩は融けずに固体のままである．太線の条件になると，カンラン岩が融け出しマグマを生成する．ただし，太線の上では融けた部分と融け残った鉱物が共存する．こうしたマントル物質の融解は地下数十キロメートルくらいで起こり，そこからマグマが地表に到達する．中央海嶺などでは海洋地殻が薄く，マグマは数キロメートルから数十キロメートルの深さで発生し，海底に噴出する．固体であるマントルを融かすためにはきっかけが必要である．日本列島のような環境では，沈み込むプレートから供給される水がマントルの融点を下げ，マグマを発生させているらしい．

3.3.4　マグマの密度：地球内部ではマグマは沈む

　地球の内部で生じたマグマが上昇し噴火するのは，地殻や上部マントルに比べてマグマが軽いためである．しかし，上部マントルのさらに深部ではマグマとマントル物質の密度が等しくなり，さらに深部ではマグマのほうがマントルの岩石よりも重くなる．すなわち，上部マントルの下部でマグマが生じると，マグマは沈んでしまい，地表に噴出できない．これは，高圧下でマグマが岩石よりも縮みやすく，上部マントルの下部の圧力では，まわりの岩石に比べて大きな密度をもつようになるからである．

　マグマがやわらかく縮みやすいのは，高温高圧においてマグマの構造がより高密度のものに変化するためであると考えられている．このような構造変化はアルミニウム原子やケイ素原子のまわりの酸素の配位数の増加，酸素-金属-酸素間の角度の減少などが原因であると考えられている．

　このようなマグマの性質は，初期地球のマグマオーシャンにおける分化作用に大きく影響した可能性がある．深さが400 kmを超えるような深いマグマオ

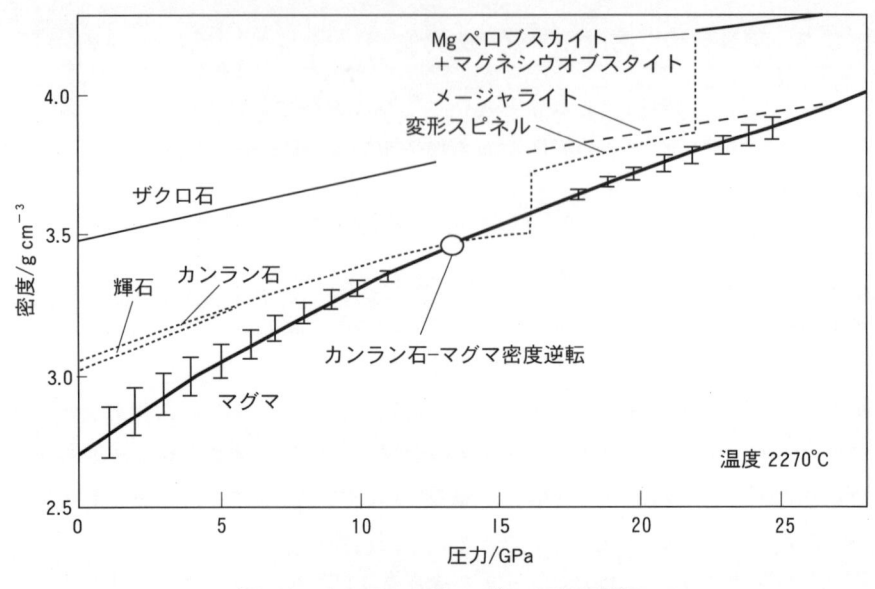

図28 カンラン石とマグマの密度逆転

ーシャンでは，マグマの密度が増加して，これと共存するカンラン石とマグマとの密度逆転が生じる（図18と図28）．結晶化したカンラン石は分離沈降せず，上部マントルに集積する．これが上部マントルの化学組成がコンドライト隕石よりもカンラン石に富んでいる理由であるとの説が提案されている．

3.4 地球内部の動きのなぞ：相転移と流れる固体

3.4.1 地球内部の相転移

a. マントル物質の相転移

地球内部は，高温高圧の条件にある．常圧で安定な物質でも高温高圧下では不安定となり，結晶構造が変化することがある．このような変化を**相転移**という．常温で安定な石墨（グラファイト）は，高温高圧条件ではダイヤモンドになる．これはまさに相転移の典型的な例である．グラファイトとダイヤモンドは同じ化学組成をしているが，異なった鉱物なので多形の関係にある（1.4.6

また，上部マントルの主要鉱物であるカンラン石の高圧相はそれぞれ変形スピネル構造をもつウォズレアイトや**スピネル構造**をもつリングウッダイトである．スピネル構造をもつリングウッダイトはさら高圧のもとでマグネシオブスタイト（Mg, Fe）O とペロブスカイト（Mg, Fe）SiO_3 に分解する．これは**ポストスピネル転移**ともよばれている．この転移の相境界は高温では低圧側に相境界が移動すること，すなわち，負の勾配をもつことが知られている．こうした鉱物の相変化を圧力や温度との関係で表すことがしばしば行われる．これはどの温度-圧力条件ではどの鉱物が存在可能か示すロードマップであり，**相平衡図**とよばれる．この相平衡図は高温高圧実験で決められる．図 29 に Mg_2SiO_4-Fe_2SiO_4 系の相平衡図を示す．このようなカンラン石の多形のほかに，上部マントルを構成する鉱物であるザクロ石（ガーネット）は高温高圧のもと

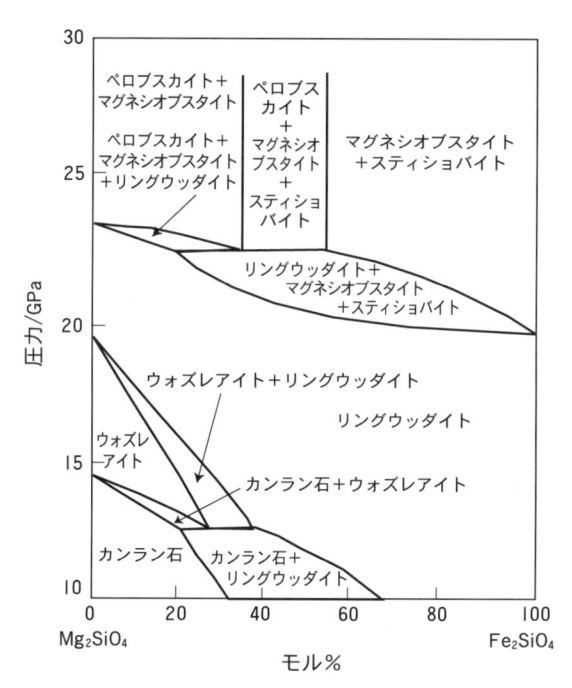

図 29 カンラン石固溶体 (Mg, Fe)$_2$$SiO_4$ の高温高圧下での相平衡図

で輝石成分（$MgSiO_3$）を固溶し，シリカに富んだ組成になる．このようなザクロ石は，**メージャライト**とよばれている．ザクロ石に輝石成分が溶け込む反応は輝石-ザクロ石転移とよばれている．この反応は上部マントル下部からマントル遷移層全体にわたって緩やかに進行する．

下部マントル最上部においては，メージャライトはさらに相転移し，アルミナを含む**ペロブスカイト構造**に転移することが知られている．このような相転移を**ポストガーネット転移**とよぶ．この転移境界は，ポストスピネル転移と異なり，正の勾配，すなわち低温では，低圧で相転移が起こる．ポストガーネット転移は，平均的なマントル温度分布によれば，リングウッダイトの分解圧力よりも高圧で生じる．一方，沈み込むプレート内部のように低温のマントルでは，ポストガーネット転移はリングウッダイトの分解（ポストスピネル転移）の圧力よりも低圧で生じる．こうしたカンラン岩の相転移の様式を図30に示した．

マントル内部の相転移は，地震波速度の不連続面と対応づけられている．詳細な高温高圧実験で予測したマントル内部の鉱物変化が，実際の観測（この場合，地震波速度分布）と一致し，実験の結果の正当性を示す．マントルには410 kmと660 kmに2つの地震波速度の不連続面が存在する（図23）．この2つの不連続面では，縦波速度V_p，横波速度V_s，密度ρが不連続に増加する．

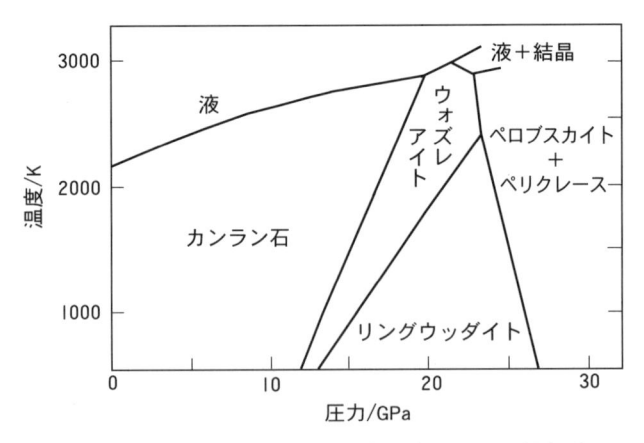

図30 カンラン石 Mg_2SiO_4 の高温高圧下での相転移

● コラム 10 ●

地震波速度の不連続面と温度-圧力標準

　圧力の単位はMKS単位系でパスカル（Pa）が用いられている．1 Pa＝N m^{-2}＝1 kg m^2 s^{-1}である．地球内部は高圧の環境にあり，10^9（ギガ）の桁に及び，地球内部の圧力を表すのにギガパスカル（GPa）を用いることが多い．1 GPaは約1万気圧（9869気圧）である．

　地球内部の地震波速度構造は鉱物の相転移境界と対応づけられることが多い．すでに述べたように410 kmと660 kmの地震波速度の不連続面はカンラン石のウォズレアイトへの転移，カンラン石の高圧多形のリングウッダイトの分解に対応づけられ，また高温高圧下での金属鉄の融点は内核と外核の境界に対応し，金属鉄の核の圧力下での融点が内核の温度の上限を与えると考えられている．これらの対応に基づいて，地球内部の温度を推定する試みがなされている．

　近年，高温高圧研究分野において，圧力スケールの研究が進展した．これは，放射光からの強力X線を利用することが可能になり，高温高圧のもとでX線回折実験が行われ，物質の体積の温度-圧力変化が直接測定可能になったことに起因する（図20）．物質の体積（または密度）の温度-圧力による変化様式を表す式を**状態方程式**という．圧力の見積もりの基準になる物質（圧力標準物質）としては塩化ナトリウム（NaCl），金（Au），白金（Pt）などがある．これらの物質の状態方程式に基づいて，地球科学的に重要なカンラン石のウォズレアイトへの転移やリングウッダイトの分解反応境界の精密測定が行われた．このような研究によると，リングウッダイトの分解反応の境界は，660 kmの不連続とは一致せず，約50 km程度低圧側に存在することが明らかになった．このずれの原因については，この相転移境界の決定に用いられた圧力スケールが高温で圧力を低く見積もりすぎていることが明らかになっている．また，高圧下における温度スケールも確立しているとはいえず，マントル遷移層以深の温度圧力条件を定量的に評価することはいまだに困難である．20〜30 GPa付近，1000〜2000 K程度の条件では，少なくとも±1 GPa程度の不確かさがあるのが現状である．

　さらに核マントル境界や核の圧力条件は135 GPaから360 GPaにも及んでいる．このような条件では，室温においてさえも圧力スケール間で10 GPaを超える不確かさがあることがわかってきた．地球の深部のより正確な情報を得るためには，圧力スケールの確立が急務の課題になっている．

410 kmの地震波速度不連続面はカンラン石からウォズレアイトへの相転移に対応し，660 kmの地震波速度不連続面はリングウッダイトのマグネシオブスタイトとペロブスカイトへの分解反応に相当するものと考えられている．これらの相転移境界の温度-圧力が地震学的に観測されている地震波速度の不連続面と深さと対応づけることが可能になっている．また，地震学的に観測される2つの不連続面での縦波速度，横波速度，密度の増加も，上記の相転移に伴う変化によって近似的には説明されている．

マントル遷移層には，深さ 550 km 付近に小さな速度の増加が認められることもある．この不連続はウォズレアイトからリングウッダイトへの相転移に対応すると説明されているが，観測されない場所も多く，それほどはっきりしていない．

b. 沈み込む海洋地殻の相転移

海洋地殻は，おもに玄武岩で構成されている．この玄武岩はプレートの沈込みに伴って，高温高圧のもとでさまざまな相転移をする．沈み込むプレートが，地下深所でどのような物質に変わっていくか，やがて沈み込んだ物質がどうなるのかが，相転移を研究することで明らかにされる．玄武岩質の海洋地殻の相転移の様式を図 31 に示す．

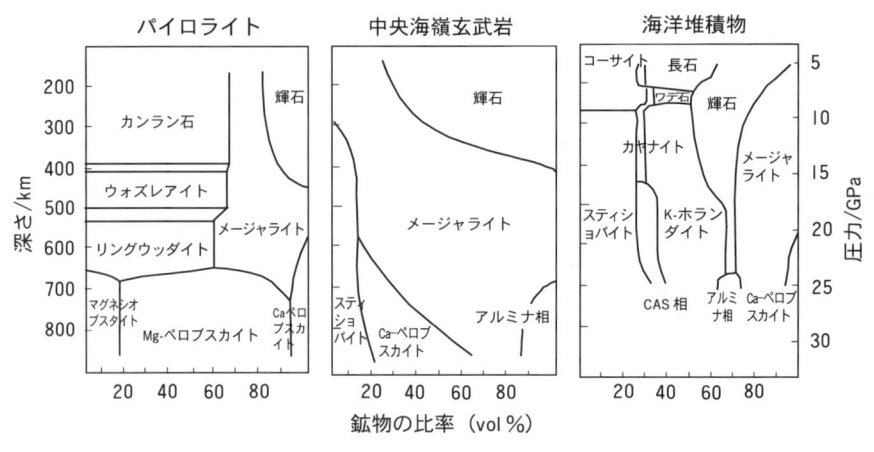

図 31 マントル（パイロライト）と沈み込む海洋地殻（玄武岩地殻と海洋堆積物）の相転移と高圧相

輝石や斜長石を主要成分とする玄武岩は約 2 GPa の条件でザクロ石，輝石，石英の多形からなるエクロジャイト（瑠輝岩）になる．さらに上部マントル下部において輝石がザクロ石に固溶することによってメージャライトからなるザクロ石岩に転移する．マントル遷移層の下部から下部マントル最上部でさらに $MgSiO_3$ 組成のペロブスカイト（図 31 の Mg-ペロブスカイト），$CaSiO_3$ 組成のペロブスカイト（図 31 の Ca-ペロブスカイト），アルミナ相，スティショバイトなどからなる高密度相の集合体に相転移する．海洋堆積物も沈込みに伴う温度圧力の上昇で構成鉱物を変えていく．

マントルの平均的な温度分布においては，660 km の地震波不連続面付近でマントル物質（ハルツバージャイトとパイロライト）と海洋地殻物質（堆積物と中央海嶺玄武岩）の間に密度の逆転が存在し，海洋地殻物質が周囲のマントルに比べて軽くなる（図 32）．したがって，比較的高温のスラブにおいては，海洋地殻成分が沈み込むことができず，マントル遷移層の下部に集積する可能性がある．一方，さらに冷たいスラブにおいては，海洋地殻物質とマントル物質との密度逆転が起こらず，相転移の存在にかかわらず常に海洋地殻物質がマントル物質よりも重くなる．このようなスラブでは海洋地殻の分離と集積は起こりにくく，海洋地殻は下部マントルに沈み込みやすい．スラブは，その温度

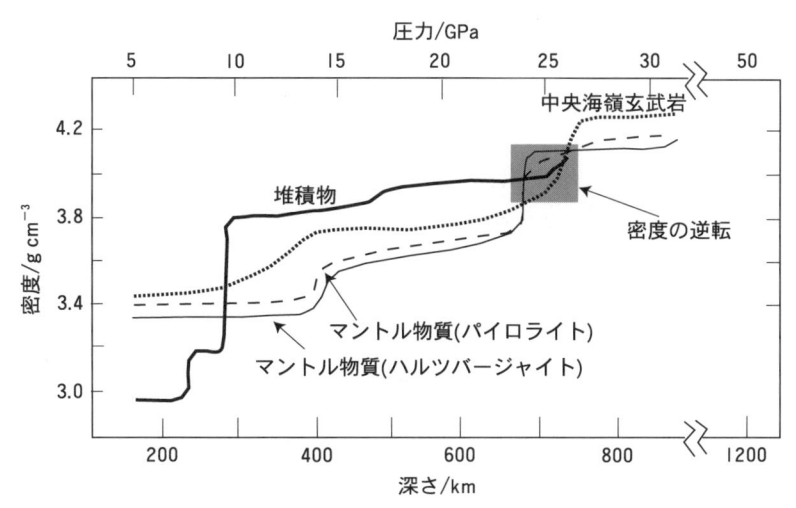

図 32 スラブとマントル物質の密度分布と深さ 660 km における密度逆転

● コラム 11 ●

鉱物に記録された履歴：成長と溶解

自然界にある鉱物はどのようにして形成されたのであろうか．それらは長い地質学的な時間（数千年〜数万年，あるいはもっと長い時間）をかけて，成長したものである．美しい宝石のダイヤモンドや水晶の結晶も，このように長い時間をかけて成長してきた．カソードルミネセンス法（図33）でダイヤモンドの結晶断面を観察すると明瞭な**累帯構造**がみられる．それらは，ダイヤモンドがマントルの中で形成される結晶成長の履歴を記録しているのである．この結晶中の手紙を読み取ることによって，この結晶が経てきた歴史を知ることができる．宝石は長い時間を記録するタイムカプセルである．天然のダイヤモンドの原石のあるものは，しずくのような丸みを帯びた形をしている．このような不思議な形は融触形とよび，表面が融けるときによくみられる．ダイヤモンドが地表に上昇する際に，マグマ中で表面が融けることによってつくられる．

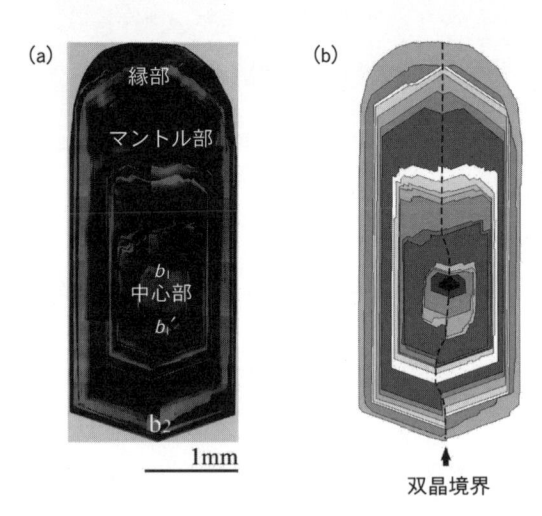

図33　ダイヤモンドのゾーニング
(a) カソードルミネッセンス像，(b) 累帯構造の模式図．カソードルミネッセンス法によって明らかになるダイヤモンドの成長過程（京都大学理学研究科　北村雅夫教授提供）

3. 地球物質とその性質 • 79

によって多様な振舞いをしている可能性がある．

3.4.2　地球内部は宝石箱：ダイヤモンドに刻まれた記録

ダイヤモンドは地球深部の高温高圧の条件でつくられる．その場所にはダイヤモンドが濃集していると考えられている．地球深部で形成されたダイヤモン

● **コラム 12** ●

ダイヤモンド起源論の新展開：
ダイヤモンドのマントル遷移層胚胎仮説

　ダイヤモンドは，これまでアフリカ，カナダなどの大陸地殻でみられるキンバライト中から発見されてきた．そのために厚い地殻とキンバライトやダイヤモンドとは切り離せない関係にあり，ダイヤモンドは古い安定大陸地殻の下にある厚いリソスフィアにおいて，生成したものであると考えられてきた．最近，意外な地域からもダイヤモンドが発見され話題になっている．

　大陸地殻の岩石である石灰岩や堆積岩を原岩とする変成岩中にダイヤモンドが見い出されたのである．これは，大陸地殻の岩石が上部マントル深部のダイヤモンドが安定な温度-圧力条件にまで運び込まれたことを示している．このような岩石は，プレートの沈込みとともに大陸地殻さえもが上部マントルに運ばれ，それが再度隆起して地表に露出したことを示すものである．本書の筆者の一人，東北大学の大谷栄治らは1995年にダイヤモンドとマグマの密度の比較に基づいてダイヤモンドがマントル遷移層に濃集しているという仮説を提唱した．メージャライトをはじめとする高圧相を含むダイヤモンドの発見によって，この仮説が現実味を帯びてきている．

　このような大陸起源の超高圧変成岩とともに，包有物としてメージャライトなどマントル遷移層や下部マントル鉱物を含むダイヤモンドが最近，アフリカ，ブラジル，シベリアなどさまざまな地域から発見されている．このことは，ダイヤモンドが厚い大陸地殻の底で生成するというこれまでの説に反して，さらに深いマントル遷移層で生成したものがかなりあることを示している．

　さらに，新たなダイヤモンドの産状も報告されている．ハワイから産出する玄武岩マグマ中の捕獲岩やオントンジャワにあるマライタ島から産するマントル捕獲岩の中から微細なダイヤモンドの存在が報告されており，従来のダイヤモンド成因論を再検討する時期にきている．

ドが，なぜ地表にあり，われわれが手にすることができるのであろうか？　ダイヤモンドは南アフリカやカナダなどの鉱山で採掘される．この鉱山は**キンバライト**とよばれる火山岩で構成されている．ダイヤモンドは，このキンバライトの中に含まれている．キンバライトは，もともとマントルの中で発生したマグマである．多くの水や二酸化炭素を含み，マントルから地表にかけて一気に噴出（音速以上での噴火と考えられている）したマグマが固まったものである．キンバライトをつくるマグマがマントルを移動するときに，通り道にあったダイヤモンドを捕獲し，地表までもたらしたのである．

　このダイヤモンドのあるものは地球の深部 400~1000 km でのマントル遷移層や下部マントルを構成する鉱物を包有物として含むことが明らかになっている．これらはまさに地下からダイヤモンドというカプセルに入れられて地表にもたらされたわけである．ダイヤモンドの中に含まれる微細な結晶として，下部マントルを構成する物質も手にとることができる．ダイヤモンド結晶の中にはマグネシオブスタイト，$MgSiO_3$ 輝石，$CaSiO_3$ ウオラストナイト，メージャライトなどが見い出されている．$MgSiO_3$ や $CaSiO_3$ は低圧で安定な結晶構造を有しており，下部マントルを構成する $MgSiO_3$ 組成のペロブスカイトおよび $CaSiO_3$ 組成のペロブスカイトが低圧相に変化したものであると考えられている．

3.4.3　氷河の流れとマントルの流れのなぞ：固体も流動する

　岩石は流れる．固体の岩石も長い年月の間には流動する．このような固体の岩石の流れによってマントルが対流を起こす．これを**マントル対流**とよぶ．このマントル対流がプレートテクトニクスの動きをひき起こしている．それに伴い，スラブの沈込みが生じている．

　固体の流れの性質を**流動則**（flow low）とよぶ．固体の流動則には線形流動と非線形流動がある．線形流動とは流れを表すひずみ速度 $d\varepsilon/dt$ が応力（σ：シグマ）に比例するのもので，ニュートン流体という．このとき，比例係数の逆数が粘性係数（η：イータ）になる．すなわち $d\varepsilon/dt = \sigma/\eta$ の関係式が成り立つ．一方，非線形流動とはひずみ速度と応力の関係が非線形のものであり，代表的な流動則としてべき乗クリープが知られている．これはひずみ速度が応

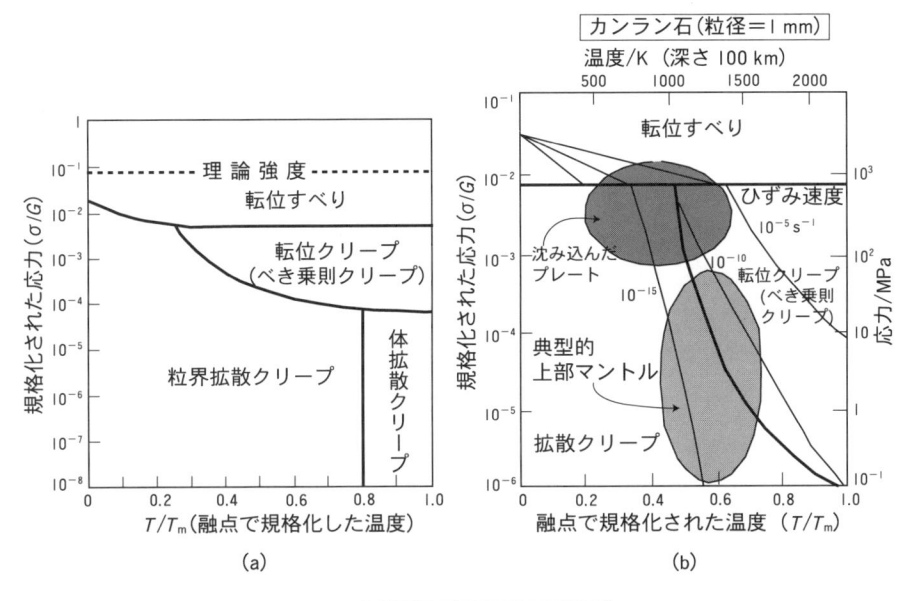

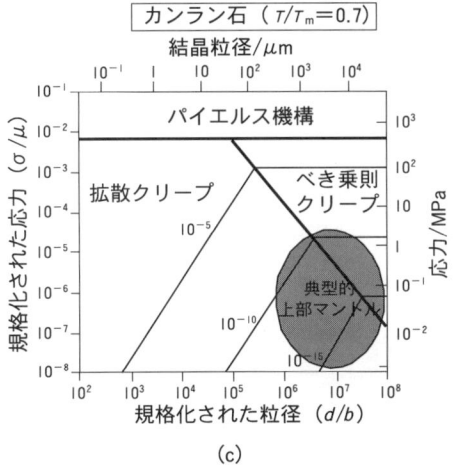

図34 転位クリープと拡散クリープの関係
(a) タングステンの場合，(b, c) カンラン石の場合．剛性率 G と融点で規格化すると，物質は異なっても流動機構はよく似ている．上部マントルおよび沈み込んだプレート内部の条件を網掛けで示してある．

力の n 乗に比例するものであり，$d\varepsilon/dt = \sigma^n \eta_0$ と表現される．この場合，粘性係数は $\eta_0 \sigma^{1-n}$ となり，応力に依存する．

　岩石や鉱物の流動はどのようにして起こるのであろうか．岩石や鉱物の流動のメカニズムは，金属やセラミックスの流動を研究するレオロジーの研究分野の知識を取り入れることによって，解明されてきた．この研究によると，固体の流動は，結晶の欠陥の存在によることが明らかにされている．結晶はいくつかの原子が規則正しく配列してつくられる．しかし，その配列に乱れが生じて原子が配列されない空間ができたり，結晶のゆがみがでたりすることがある．これらは結晶の**格子欠陥（空孔）**や**転位**に対応し，それらの運動によって，固体の流動が生じる．

　固体の流動のメカニズムとして，2つのモデルが提案されている．第1は，空孔の移動による変形流動である．空孔の移動経路には，結晶の内部を移動するものと，粒界を通して移動するメカニズムがある．これら空孔の移動と拡散による流動を**拡散クリープ**とよんでいる．このメカニズムによる流動は，ひずみ速度が応力に比例し，線形流動すなわちニュートン流体としての性質を示す．

　第2のメカニズムは，転位の運動によるものである．転位に起因する流動を**転位クリープ**とよぶ．このメカニズムではひずみ速度は応力の4乗に比例し，非線形流動則であるべき乗クリープ（$n=4$）の特性を示す．これらの流動メカニズムは，応力の大きさ，温度，粒径に依存し，マントル内部は拡散クリープと転位クリープの境界付近にあり，条件によって異なるメカニズムが支配する可能性がある．このような変形のメカニズムを図34に示す．この図を変形機構図とよぶことがある．

3.4.4　岩石を柔らかくする水の作用とマントル内部の水

　地球内部で水は特異な性質を示す．水は石英やカンラン石の内部にヒドロキシ基（−OH）の形で，わずかに存在する．これによって，石英やカンラン石がやわらかくなり，流動しやすくなることが知られている．この作用は，加水軟化（hydrolitic weakening, water weakening）とよばれている．この作用によって，石英を主体とする地殻やカンラン石を主とする上部マントルは，わ

● コラム 13 ●

熱い氷

　熱い氷が存在する．水は1気圧では摂氏零度で氷になる．しかし，地表と異なる温度・圧力のもとでは，氷はわれわれの見る氷とは異なる結晶構造をもつ．水は圧力や温度が変わると，分子間距離や結合角が変化して多様な高圧氷ができる．常圧のもとで存在する氷と異なる構造をもつ氷は現在10種類も見い出され，実際にはそれ以上あるとされている．発見された順番に応じてI，II，…と番号が付けられている．そのうちのいくつかは，高い圧力と温度のもとでも安定に存在する．この氷は10万気圧では800℃の高温でも氷のままで解けない．この氷は水に沈む重い氷でもある．このように高い圧力のもとでは熱い氷も存在する．

ずかな水の存在で粘性が低くなり，流動しやすくなることが知られている．同様な作用がマントル遷移層や下部マントルを構成する高圧鉱物にも認められるか否かは今後の研究に待たれる．

　水には加水軟化作用のほか，結晶の格子にヒドロキシ基や水素原子として存在することによって，結晶中に格子欠陥を作り出し，カンラン石の変形スピネルへの相転移速度を速め，また拡散速度を速める作用がある．相転移速度に対する水の効果についての実験によると，わずか 0.05 wt% の水の存在は，約 200～300 K 程度の温度の上昇に相当することがわかっている．

　低温の沈み込むスラブ内で，マントル遷移層の深さに存在することが予想される準安定なカンラン石の領域は，少量の水によってなくなるか狭くなることが予想されている．

3.5　地球中心部のフロンティア：地球中心核を探る

3.5.1　核マントル境界では何が起こっているのか

　核マントル境界の厚さ約 200 km の領域は D''（D ダブルプライム）層とよばれている（図24）．この領域の異常構造は地域によって違いがあるが，縦波速度でみると，最上部で急上昇し，深さとともに減少する特徴がある．また，

> ● コラム 14 ●
>
> ## ポストペロブスカイト
>
> 　最近，最下部マントルに相当する温度-圧力条件で，下部マントルを構成するペロブスカイト相が，構造の異なる相（**ポストペロブスカイト相**）に相転移することが，東京工業大学の廣瀬 敬らのグループによって見い出された．これは，高温-高圧条件を発生し，放射光の強力なX線を導入することによって，核-マントル境界に相当する135万気圧 (GPa)，3000 K の条件でX線回折実験を実現し，発見されたものである．この相の存在は，その後，世界のいくつかの研究グループによっても確認されている．この新しい相は，従来知られていたペロブスカイト相に比べて2～3%ほど密度が大きい．
>
> 　この相とペロブスカイト相との境界は，正確には決定されていないが，比較的大きな正の勾配をもっている可能性が指摘されている．そして，このポストペロブスカイト相はD″層のうち，沈込み帯直下にある低温部分にのみ存在し，プルームが上昇していると考えられている高温部には存在しない可能性が指摘されている．ポストペロブスカイト相の安定領域，諸物性の解明は，今後の重要な課題となっている．

　この領域では，地震波速度の異常のみならず，横波速度の異方性も報告されている．このような複雑な地震波速度の異常の原因については，確立した説明はまだ与えられていない．核マントル境界付近の温度-圧力条件での下部マントル物質の相転移の可能性，核からの熱エネルギーの流入による大きな温度勾配，下部マントル物質と核物質の反応，沈み込んだプレートが堆積することによる組成および温度異常などが原因と考えられている．

　地球内部を伝搬する地震波を用いて3次元的な地球内部構造の不均質性を得る手法が，**地震波トモグラフィー**である（図35参照）．その原理や得られる3次元的な地震波速度分布が，病院に設置されているCT-スキャンによくたとえられる．最近の地震波トモグラフィーの研究によると，マントル内部には大きな不均質構造が見い出され，ユーラシア大陸の下部はまわりに比べて地震波速度が速いという異常が認められる．そこでは相対的に低温の物質が存在していることが示唆されている．また，南太平洋のトンガ諸島およびアフリカ大陸

図 35 地震波トモグラフィーによる地球内部の地震波速度の不均質
濃淡の濃い領域は，地震波速度（縦波速度）が速く（低温），淡い領域は遅い（高温）．

の下の核マントル境界はまわりに比べて縦波速度および横波速度の低速度の異常が認められている．このような地震波速度の異常は高温による異常と解釈されており，高温の固体マントル物質の上昇流が存在するものと考えられている．この上昇流を**スーパープルーム**とよぶこともある．

3.5.2 地球中心核

地球の中心部の状態を解明するためには，地震波や地球磁場の観測とともに，超高圧実験による地球の中心部の温度と圧力を再現し，そこでの地球物質の振舞いを調べる必要がある．図36に**地球中心核**の密度と鉄の密度を比較したものを示す．この図に示すように，核の密度は鉄の密度よりも軽い．したがって，比重を軽くするため，核には軽元素が存在するものと考えられている．核に含まれる軽元素の候補として硫黄，酸素，ケイ素，水素などがある．これ以外に炭素，マグネシウムなどの可能性も指摘されている．どのような軽元素

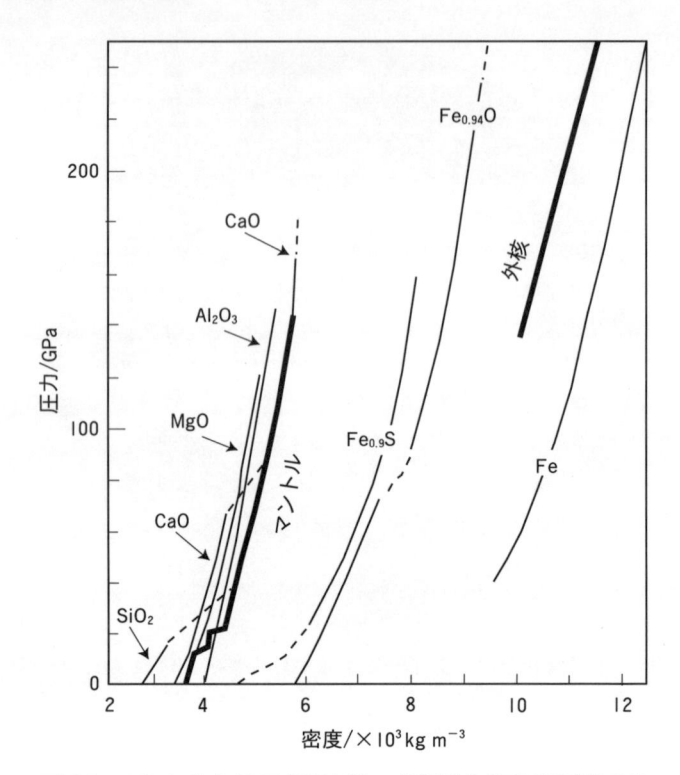

図 36 マントルと核の密度と鉄，各種酸化物の高圧下での密度の比較

がどの程度核に含まれているのかについては，よくわかっていない．それは初期地球の核形成過程に依存している．核形成過程が比較的低温で酸化的環境で進行したならば，硫黄，酸素，水素などが核の主要な軽元素として核に入りうる．他方，高温の還元的な条件で核の分離が進行するとケイ素が核に入る可能性がある．核の軽元素の種類とそれらの存在量を明らかにするためには，実際の地球中心核の条件での鉄軽元素合金の密度や地震波速度を求めることが必要になっている．

3.5.3 外核を対流させる熱源

地球中心核は大きく内核，外核に分けられる．外核は液体であり，対流していると考えられている．対流を起こすためには熱エネルギーが必要である．現

3. 地球物質とその性質　87

> ● コラム 15 ●
>
> ### 天然原子炉のなぞ：オクロ鉱山
>
> 　シカゴ大学にひとつの記念碑がある．それには，「1942 年 12 月 2 日，人類はここに始めてウランの連鎖反応を起こすことに成功して，原子力エネルギーを制御しつつ取り出し始めた」と記されている．イタリアからアメリカに渡ったフェルミ教授は，シカゴ大学でアメリカの科学者とともに世界で初の原子炉を作り上げた．しかし，原子炉はフェルミらが作り上げる前に，天然に存在していたのである．1972 年 6 月アフリカのガボン共和国のオクロ鉱山でフランスの調査隊が天然の原子炉，すなわち，ウランの核連鎖反応が実際に起こった跡を発見したのである．フランスの科学者はこの天然原子炉をオクロ現象とよんだ．その後の詳しい研究によると，この天然の原子炉が生成したのは，今から 17 億年前であった．この原子炉が働いていたのは，17 万年から 80 万年の間であることが明らかになりつつある．現在も，オクロ現象の研究は進められている．このような現象が天然で起こる可能性を予言したのは，米国アーカンソー大学の黒田和男教授であった．彼は 1956 年に *Journal of Chemical Physics* 誌に天然のウラン鉱床においても，ウランの連鎖反応が臨界になりうることを理論的に示したのである．人類が原子炉をつくる前に，なんと自然は十数億年前に原子炉をつくっていたのだ．オクロの天然原子炉の発生エネルギー総量は 1 万 5 千 MW（メガワット，10^6 W）に相当し，約 6 トンの ^{235}U が消費されたと見積もられている．

在推定されている外核の対流を駆動する核内部の熱源には，以下のようなものが考えられている．(1) 初期地球の核形成期に取り込まれた核の沈降に伴う重力エネルギー，(2) 内核の結晶化に伴う潜熱，(3) ^{40}K，^{235}U，^{238}U，^{232}Th などの放射性元素の熱源が核内部に存在する可能性などである．これらのうち (1) および (2) が主要な熱源と考えられている．地球の地殻とマントル（ケイ酸塩部分）に存在する U と Th の総量は，原始的な隕石である C1 コンドライトの存在量と似ている．すなわち金属鉄部分には入っていなくてもよいということになる．一方 K は地殻とマントルには C1 コンドライトの 20% 程度しか含まれていない．この K の欠乏は，K が揮発性元素であり，地球を形成した微惑星がすでに K に枯渇していたと考えるのが一般的である．しかしながら，K が地球中心核に存在する可能性が古くから指摘されてきた．最近の高温高

圧研究の結果，核を構成する金属鉄中に K が高温高圧のもとで十分溶け込むことが明らかにされ，(3) の可能性がにわかに注目されてきた．核にほんの 100 ppm 程度の K（これは 0.01 ppm の ^{40}K に相当する）が存在すると核の対流を十分駆動する熱源となりうる．

核の中心に天然の原子炉が存在するとする考えはほとんど受け入れられていない．それは，U と Th は酸素と化合しやすく金属鉄との合金をつくりにくいこと，地震学的な観測によっても熱源の異常な局在を示す証拠が認められていないことによっている．しかしながら，U や Th が高圧高温の条件で K のように鉄と化合して，核の内部に含まれる可能性については，今後実験的に検証すべき重要な課題である．

3.5.4 地球のエネルギー収支の謎：核からマントルへの熱流，そして核の進化史

地球内部でマントルや外核が対流していることを述べた．その対流を起こすための駆動力に熱が必要である．最終的に，その熱はどうなってしまうのであろうか？　地球からの熱の流出は，地表で測定された地殻熱流量を全地球表面で積分して求められている．これによると，地球の全表面から宇宙空間に放散される熱エネルギーは 40 TW（テラワット，10^{12} W）程度と考えられている．

地球内部で生成される熱エネルギーは，C1 コンドライトの U, Th の存在度とその 20% 程度の K の存在度に基づいて計算可能である．放射性熱源によって説明できる熱エネルギー総量は，24 TW 程度である．宇宙空間に放散する熱エネルギーの約 6 割程度というわけである．このような流出する熱エネルギーと生成される放射性熱エネルギーの比率は**ユーリー比**といわれ，これが 1 より小さいことについて，これまでさまざまな説明がなされてきた（115 頁のコラム 18「ユーリー博士の業績」参照）．地球は熱放出が盛んであるため，長期的に冷却の過程にあると考えるのが一般的であるが，地球からの放熱量は定常的ではなく，変動し，現在がとくに静穏な時期であると考える人もいる．地球の核からマントルへの熱の流入の見積もりも 1 TW から 10 TW まで見解が分かれ，地球の熱史の問題は今後に残されている．

さらに，地球に含まれている熱源の量は，コンドライト隕石中の存在量に基

づいた推定値である．地球内部における熱源の量を推定するためのひとつの有効な方法として，**ジオニュートリノ**の測定がある（コラム 16「ニュートリノで地球の内部を観る」参照）．この方法は，地球内部の U と Th の崩壊によって生じたニュートリノを測定するものであり，地球内部の熱源となる U や Th の存在量を実測できる有効な方法である．

外核の対流によって，核からマントルに熱が運ばれ，核-マントル境界はひとつの熱境界層と考えられ，核からマントルに熱が流入していると考えられている．このような核からの熱の流入のために，核-マントル境界付近（D″層）は大きな温度勾配をもっていると考えられている．地球内部の温度分布を図 37 に示す．この図のように，地球内部にはいくつかの大きな温度勾配をもつ領域が存在する．ひとつはすでに述べた核-マントル境界付近であるが，他のひとつは地殻とマントル最上部，すなわちリソスフィアとよばれる部分であ

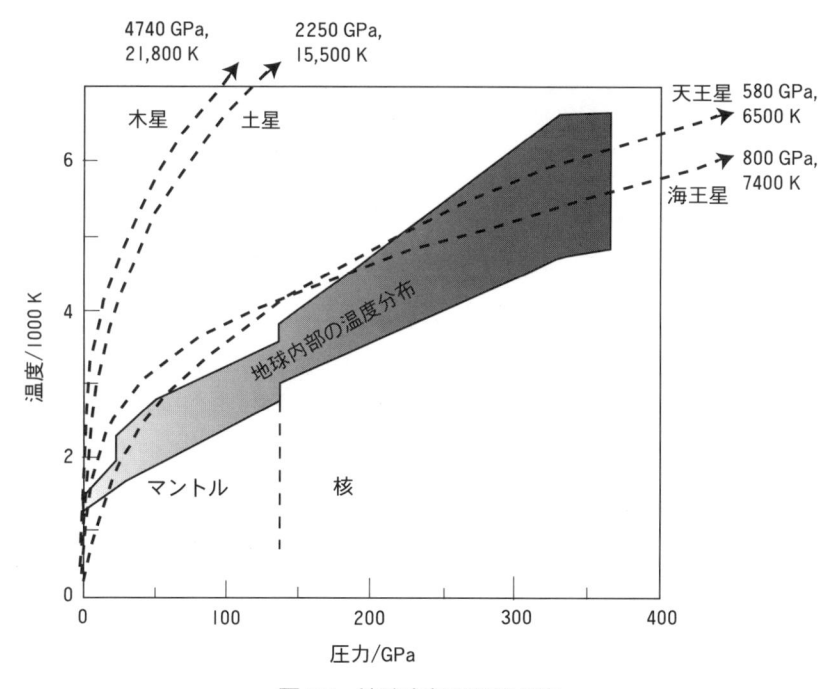

図 37　地球内部の温度分布
木星型惑星内部の温度分布も比較のために示す．

る．一方，マントル遷移層の下部も同様な熱的な境界層となっている可能性も指摘されている．マントルの対流が上部マントルと下部マントルの2つの層に分かれている，いわゆる2層対流の場合にこのような温度分布が実現するが，全マントルが1層の対流である場合にはマントル遷移層下部に大きな温度勾配領域は存在しない．

現在のところ，マントルの対流の様式に関しては不明なことが多く，下部マントルの温度に関しては200～300K程度の不確かさが存在している．マントルの対流の様式として，現在のところ通常は2層対流をしており，間欠的に全マントルが1層対流に変わるという対流様式を示しているとの説が有力である．

核からマントルへの熱の流出によって，外核の対流が駆動されている．この対流を駆動するためには核に熱源が必要である．この熱源が何であるのか，どの程度の熱源が核に存在するのかは，前項で解説した．核の熱源の問題は**地球磁場**の起源・歴史とともに，地球進化史にとっても，たいへん重要な問題である．それは，熱源の多少によって，核の冷却速度が決まり，核の進化そして地球磁場の起源にも大きく関係するからである．

● コラム 16 ●

ニュートリノで地球内部を観る

　ニュートリノは，物質を形づくる基本的な粒子のひとつである．岐阜県にある神岡鉱山内部に置かれた検出器カミオカンデにおいて，超新星爆発に伴うニュートリノが観測された．この発見によって，東京大学の小柴昌俊名誉教授は2003年ノーベル物理学賞を受賞した．ニュートリノに質量があることも，わが国の研究者によって明らかになりつつある．このようなニュートリノは，このほかに太陽とともに地球内部も重要な発生源である．地球起源のニュートリノ（**ジオニュートリノ**）は地球内部の放射性元素であるKそしてUとThが崩壊するときに発生する．この微小なニュートリノのシグナルを観測する試みが，同じく神岡鉱山内部に設置された東北大学の新型検出器カムランドで行われている．この観測によって，地球のUとThの存在量，つまり地球に存在する熱源の量が初めて，直接測定できる可能性がある．

3.5.5 地球磁場：ダイナモ

地球には固有の磁場があり，方位磁針が南北を示すことはよく知られている．17世紀初めに「地球は大きな磁石である」と指摘された．地球が永久磁石になっているという説や，地球の自転に伴う結果から生じたとする説などが過去に提唱されてきた．

現在では，**ダイナモ作用**が地球の磁場の起源として広く受け入れられている．ダイナモとは発電機のことである．地球中心核（深さ2900 km以深）内で発電が行われ，そのために流れる電流のつくる磁場によって，地球磁場が維持されると考えられている．理想化された単純なダイナモを用いてさまざまなダイナモ理論が世界中で構築されてきた．地球磁場の特徴を説明するために力武常次博士が提唱した力武モデルなど，有名なモデルも存在する．

地球磁場の存在は，生命を守るために必要であり，生命の進化にも大きな影響を及ぼしたと考えられる．地球に磁場があるために，太陽から吹きつけている有害な太陽風が直接地表に届くことはないのがその理由である．太陽風粒子は電子や陽子が主で，地球磁力線を横切って地球磁場内に入ってくることはできない．つまり，私たち人類だけでなく，地球上の全生命が地球磁場によって守られているといっても過言ではない．

現在，地球磁場は27億年前ころにすでに存在したと考えられている．第II部で解説する生命進化の系図と地球磁場の確立が連動していると思われる．また，核からの熱の流出と磁場をつくる核の発電機（コアダイナモ）の効率の最近の見積もりによると，固体の内核が生じたのは14〜27億年前とされており，磁場の生成には内核は必ずしも必要ではないようである．

3.6 地球の進化とダイナミクス：プレートテクトニクスとプルームテクトニクス

これまで，地球の物質科学というミクロな立場から地球内部を見てきた．ここでは，地球のテクトニクスと地球内部のダイナミクスについて解説する．

地球の表面はいくつかのプレートに分かれ，海洋地殻が中央海嶺で生成し，

沈込み帯でマントルに戻っていく（図24）．このような地球のテクトニクスの描像は，1970年代に論じられ確立されてきた．20世紀初頭に提案されたウェゲナーの大陸移動説がプレートテクトニクス理論のきっかけをつくった．それまでは「地球表層が移動する」という概念はなく，ウェゲナーは異端者扱いされた．その後，海洋底拡大の様子が明らかになり，やがてプレートテクトニクス理論により，変動し続ける「地球のダイナミクス」が解明されてきた．

　沈込み帯の概念は，中央海嶺における海洋底の生成，トランスフォーム断層とともに，プレートテクトニクスにとってはもっとも重要な要素のひとつである．この沈込み帯の研究においては，プレートテクトニクス理論の形成前夜に，わが国において独立した3つの主要な発見がなされた．すなわち和達清夫博士による深発地震面（和達-ベニオフゾーン）の発見，久野久博士による海溝側から背弧側へのマグマの生成深度の増加の発見，都城秋穂博士による対になった変成帯の発見である．これらは，その後，プレートテクトニクスの概念によって統一的に理解されるようになった．

　1990年代以降，プレートテクトニクスの理解をさらに深める研究が，地震学の分野においてなされた．これは，**地震波トモグラフィー**とよばれる方法を用いた研究である．これは，地球を小さな領域に区分し，地震波の観測値をもっとも満足する地震波速度を領域ごとに求めることによって，地球内部の地震波速度の3次元的な分布を明らかにする方法である．今日までに，さまざまな改良が加えられて，より解像度の高い縦波速度と横波速度の3次元的な分布が得られている．図35に地震波トモグラフィによる解析例を示した．地震波速度の速いところは，マントル物質が低温で密度が大きい領域である．プレートの沈込み帯とその下部のマントル遷移層そして核マントル境界に，そうした高速度帯が認められる．この付近には沈み込んだ海洋プレートがたまっていると考えられている．沈降していく冷たいプレートを**コールドプルーム**とよぶことがある．また，地震波速度の遅い部分はマントル物質が高温で密度が小さいところであり，西太平洋やアフリカ直下の核マントル境界や島弧の下部の上部マントル，海嶺下部の上部マントルに認められる．核マントル境界の高温の異常はこの部分に高温の上昇流が存在することを示唆しており，これを**ホットプルーム**とよぶことがある．前述したスーパープルームはこれに対応する．このよ

うなコールドプルームとホットプルームというマントル物質の大規模な運動に基づいて地球のテクトニクスを説明する考え方を，**プルームテクトニクス**とよぶことがある．プレートテクトニクスは地球表層の動きのみを説明してきた．それに対してプルームテクトニクスは，地球中心核まで視野に入れた地球全体の物質の動きを説明する考えである．これからも，ウェゲナー博士の大陸移動説以前には考えられなかった，生きた地球の姿がさらにはっきりと見えてくる．

第 II 部

生命の誕生と進化

第4章

生命誕生へ向けての準備

　第Ⅰ部で，地球形成過程の様子を解説した．地球がある程度の形をもち始めたころ，地球の表面はまだ熱く，いわゆるマグマオーシャンの状態であったと考えられている．マグマオーシャン後も，隕石が次から次に降り注ぎ，地球表層を重爆撃して破壊し，常に高温に保っていたとする考えも存在する．地球に生命を誕生させ進化させるためには少なくとも，マグマオーシャンが消え，(1) 隕石による重爆撃が終了し，表層が十分に冷え，それに伴い (2) 初期地殻が形成されること，(3) 海洋が存在することが条件となる．いってみれば，地殻，海洋，生命，それに大気が生命体惑星地球の主役といえる．それぞれはいったいどのように誕生し，進化していったのであろうか？

4.1　隕石による重爆撃の停止

　地球形成時，地球表面には激しく隕石が落下してきた．落下してくる隕石の数や大きさによるが，この隕石の重爆撃は，地球表層環境を不安定にさせた．落下のエネルギーによって表層は高温に保たれ，せっかく海洋ができたとしてもすぐ蒸発してしまう．最初の生命体が生まれたとしても隕石爆撃によって死滅されてしまう．おそらく初期地球環境では，海洋の形成と消滅が繰り返し起こったことが予想される．隕石の重爆撃がいつ終了したか，生命進化史を考えるうえで重要になる．

　46～30億年前ころにかけて，隕石が地球に落下してきた頻度に関する解釈

は2つある．ひとつは，地球形成時から指数関数的に減少し，38億年前には，落下頻度が現在とさして変わらないとする考えである（図22）．もうひとつは，42億年ころまでにいったん隕石の重爆撃は収まるが，40億年ころにふたたび高まり，38億年ころに現在と似たような落下頻度になったとする考えである（図22）．とくに2番目の考えの40億年前後の重爆撃は，後期隕石重爆撃（late heavy bomberdment）とよばれている．この考えに従うと，42億年前にはいったん海洋が広く存在したという考えにつながる．後期隕石重爆撃はこの海洋をふたたび蒸発させることになり，真に海洋が安定化したのは38億年前ころからということになる．どちらの見方が正しいか，論争は現在でも続いている．

4.2 最初の大陸地殻の形成

花崗岩は大陸地殻を特徴づける岩石である．大陸地殻の内部は高温高圧の世界である．ここでは変成作用が進行するのと同時に，地殻物質が融かされて，新たにマグマが生成することがある．このときにできるマグマは地殻内部にとどまり固まってしまう（深成岩）．こうしてできる岩石が花崗岩類である．花崗岩は玄武岩に比べて密度が小さい（$\sim 2.7 \mathrm{g\,cm^{-3}}$）．すなわち，大陸地殻は平均的に密度が小さい物質で構成されているわけである．こうした密度が小さい物質がマントルの上に存在することによって，大陸が安定化する．それでは地球最古の安定大陸はいつ形成されたのだろうか？

4.3 世界最古の大陸：地球が冷えた証拠

太古代に形成された地層は，世界中に分布しているが，それぞれは狭い範囲にしか露出していない（図38）．日本は地球の歴史のなかでは新しい島なので，太古代の地層は産出しない．世界最古の大陸の痕跡はグリーンランドやカナダに残されている．グリーンランドのイスア地域に分布する地層には，38億年前の堆積物が含まれる（図39）．同じグリーンランドのアキリア島にも38億年前の，カナダのイエローナイフにはさらに古い40億年前の地層が見られ

図38　太古代地層の分布

る．しかしアキリア島やイエローナイフの地層は，イスア地域の地層に比べ，強い変成作用を被り，ほとんどが片麻岩とよばれる岩石に変わり，もともとの岩石の情報が失われている．そのうえ，小規模にしか露出していない．イスア地域に産する地層は，変成作用を受けているものの，原岩がどのような岩石であったか，推察可能な状態にある．初期地球の状態を考えるうえで，このイスア地域の研究は欠かすことができない．このイスア地域には，38億年前の海洋底に堆積した泥や化学沈殿物などが出現する．それらは38億年前に，プレートテクトニクスなどによって大陸地殻の一部となった．その後38～37億年前ころに起こった高圧の変成作用を受けている．多くの岩石は片麻岩，角閃岩，片岩など典型的な変成岩に変わってしまい，現在に至っている．37億年前にこうした変成作用が起こったことは，地層が数十キロメートルの厚さをもっていたことを意味し，大陸地殻の原型をなしていたわけである．

　イスア地域にはもう一つ特異的な岩石が存在する．アミツォク片麻岩である．アミツォク片麻岩はもともと花崗岩類（トーナル岩）であった．それも37億年前に地殻内部で形成された花崗岩類と考えられている．それがイスア

100 ● Ⅱ．生命の誕生と進化

凡例:
- 片麻岩複合岩帯（おもに花崗岩類からなる）
- 38億年前に形成された地層の分布域
- 原生代の貫入岩
- 湖

氷河
アイアン・マウンテン
氷河

0 4 km

氷河

38億年前の海洋底で形成された岩石

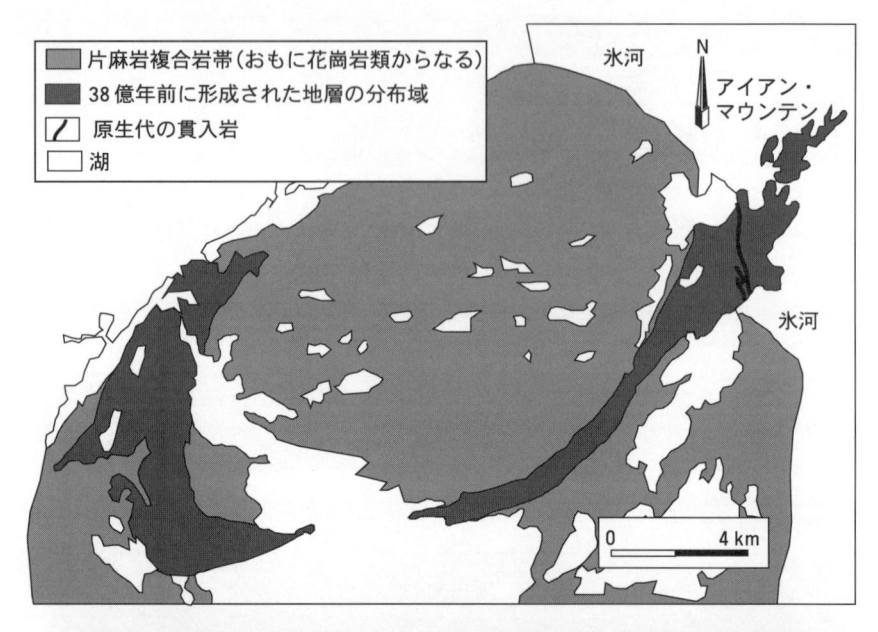

図39　グリーンランド・イスア地域

の地層に貫入した．全体が弧のように地層が分布しているのは，この花崗岩質マグマの貫入のためと考えられている（図39）．また，アミツォク片麻岩と同様の37億年前に形成された花崗岩類がイスア地域周辺部に見られる．現在のところ，これらが世界最古の大規模に出現する花崗岩類と考えられている．現在の大陸地殻の骨格をなす花崗岩類が37億年前にはすでに形成され，大陸を安定化させる役割を担っていたと考えられている．

イスア地域における最古の大陸地殻の存在は，地球表層が37億年前までに十分に冷えていたことを示す証拠と考えられている．すなわちマグマオーシャンはすでに表層から消え，なおかつ隕石の重爆撃による地球表層の破壊は，この時代までには終了していたことになる．

4.4　安定海洋の登場

地球に海洋が登場したのは，いつごろからだったろうか？　海水の水の起源に関してはすでに第Ⅰ部で解説した．隕石や小惑星の集積過程で，水成分が蒸発し水蒸気になり，それが液化して原始海洋がつくられたと考えられている．原始海洋は，以外に早い段階ですでに存在していた可能性はある．しかし，その後のジャイアントインパクトや後期隕石重爆撃で原始海洋は何回か蒸発と液化を繰り返した可能性がある．

古い時代に海洋が存在したかどうか，どのようにしたらわかるのだろうか？　その証拠としての**海の化石**がいくつか存在する．海水自身は化石として残らない．現在でも，海があることによってひき起こされる現象はたくさんある．そのひとつに**堆積岩**の形成があり，もうひとつに**枕状溶岩**の形成がある．

堆積岩とよばれる岩石にはさまざまな種類が存在する．大陸などが風化を受け，削られ，削られた成分（砕削物）が河川水によって運ばれ，海洋底などに堆積したり，海水に溶けていた成分が沈殿して形成される岩石が存在する．砕削物が沈殿してできる岩石の典型的なものとして**礫岩，砂岩，頁岩**などが存在する．それぞれは，岩石を構成する粒子の大きさで分類される．肉眼ではっきりと認識できる大きさの岩片（>2 mm）が含まれる岩石が礫岩，砂浜を形成するような砂が固まってできる岩石が砂岩，20 μm以下の細かな粘土鉱物が

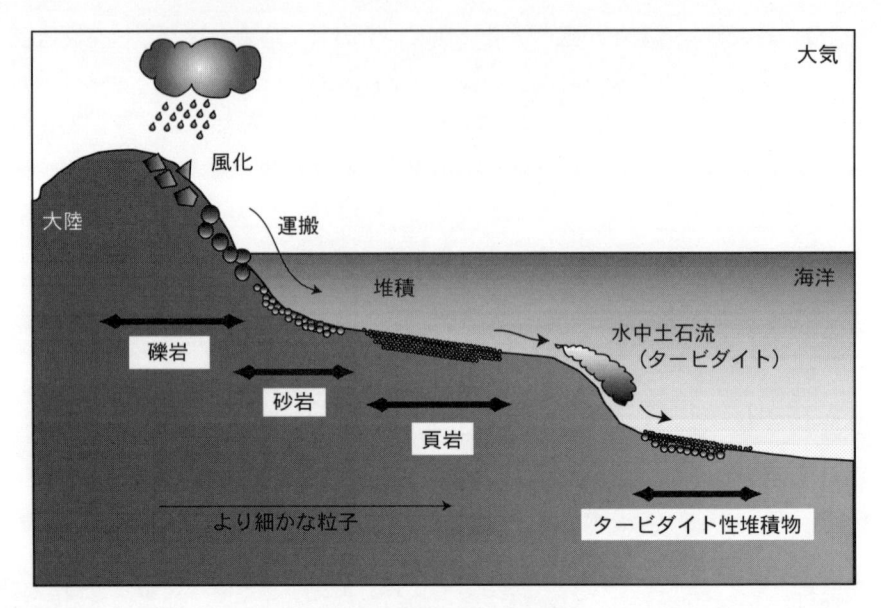

図40　堆積岩の形成環境

主体となり固まってできる岩石が頁岩である．水の中をさまざまな粒子の異なる物質が一斉に数キロ〜数百キロメートルと移動すると，大きな礫や粒子が手前に堆積する．その一方で小さな粒子が一番陸から離れた場所に堆積する（図40）．こうした分級作用は，河川水や海水の中で行われる．砂岩は海岸や湖岸の砂浜やそれに近い環境で形成される．頁岩は水深がさらに深くなった場所が最適形成場である．

大陸棚など，やや傾きがある場所に堆積した泥は，いったん堆積した後でも地震や陸からの土砂の流入などで，海の底をふたたび動き，再堆積することがある．また陸から土石流が短時間に多量に供給されると，本来，深い海に堆積しない砂などが泥にまみれて現れることがある．こうした堆積物を**タービダイト性堆積物**とよぶ．

グリーンランドのイスア地域には，礫岩層，砂岩に相当する岩石（クウォーツァイト）から，頁岩，それにタービダイト性堆積物までみられる（図41）．陸上に雨が降り注ぎ，河川を形成し，それが海に運ばれる，それがさまざまな

4. 生命誕生へ向けての準備 • 103

38億年前の礫岩

38億年前のタービダイト性堆積物

図41 イスア地域に見られる礫岩とタービダイト性堆積物

分別を受け，異なった堆積岩となるプロセスが38億年前に，すでに存在していたことを意味する．地球表層で水が水蒸気の状態ならば，こうした一連の作用はひき起こせない．すなわち，38億年前にはすでに液体の水が地球表層に多量にあったことになる．また海がないとタービダイト性堆積物や頁岩などの堆積岩は形成されづらい．すなわち，38億年前には海洋が存在したことになる．

海底火山などで，高温の溶岩が噴出すると，冷たい海水と反応し，溶岩の表面は，即座に固まってしまう．多くの場合，急冷されて溶岩の表面数センチメートルはガラス化してしまう．溶岩の表面が固まっても内部は融けたままである．内部の溶岩は固まった殻を破り，チューブをひねって歯磨き粉が出るようにふたたび海水に放出される．これを繰り返すと，楕円形の形をした溶岩が幾重にも重なった構造ができる．この楕円形の溶岩が枕が重なったように見えるので，一般に枕状溶岩とよばれている．この枕状溶岩形成の絶対条件が，水中での溶岩噴出である．現在の深海の海洋底はこうした枕状溶岩が至るところでみられる（図42）．

グリーンランドのイスア地域では，溶岩が変成作用を受けた片岩や角閃岩が主要な岩石である．これら溶岩は38億年前に噴火したものである．ほとんどの場合は変成作用のため，もともとの組織や組成を保存しておらず，もとの岩石が溶岩であったと判定するのがやっとである．その一方で，噴火したときの組織を保存した岩石が数カ所ではあるが残されている．そのなかに38億年前に形成された枕状溶岩がある（図42）．変成作用のために，全体が圧縮されコンパクトになっているが，現在見られる枕状溶岩とまったく同じ組織を示す．イスア地域における枕状溶岩の存在は，すなわち，38億年前にも海洋が存在したことの証拠の一つと考えられている．以上のことは38億年前には安定化した海洋が存在したとされている．

38億年よりもはるか前に，海洋が存在した可能性が存在する．オーストラリアのジャック・ヒルとよばれる地域から見つかったジルコン（$ZrSiO_4$）結晶から，42.5億年前にすでに海洋が存在していた可能性を示す化学物質が見つかった．このジルコン結晶は世界最古の鉱物と考えられている．ジルコンは花崗岩などのマグマが冷えるときにできる結晶である．花崗岩マグマは組成の

4. 生命誕生へ向けての準備 ● 105

現在の海底で見られる枕状溶岩

38億年前の海底で形成された枕状溶岩

図42　現在の海底に見られる枕状溶岩とイスア地域にみられる枕状溶岩

違いから，大きく I-タイプと S-タイプに分類される．I-タイプ花崗岩は，火成岩が地殻内部で溶解し形成されると一般に考えられている．それに対して，S-タイプ花崗岩は堆積岩が材料物質となり，これが高温で融解してできた花崗岩と考えられている．

花崗岩マグマからジルコンが結晶化したとき，ジルコン結晶中の $^{18}O/^{16}O$ 比はマグマ形成時の材料物質（火成岩か堆積岩）の $^{18}O/^{16}O$ 比と似た組成になる．ジャック・ヒルで見つかったジルコン結晶の $^{18}O/^{16}O$ は非常に高い比率を有する．これは，ジルコンを結晶化させた花崗岩マグマが，堆積岩を材料物質としていた S-タイプ花崗岩であったことを示す．堆積岩を形成するためには海洋（または大きな湖）の環境が必要である．すなわち 42.5 億年よりも前に海洋が存在し，堆積岩をつくる環境があったことをほのめかしている．

4.5 最初の大気に関する問題

46 億年前に地球が形成された当初から，地球は大気に覆われていた．原始大気に関する問題も第 I 部で解説した．最初の大気は，集積過程で放出されるガス成分を主体にしていたであろう．その中には多量の水が含まれていたと考えられている．その後，マグマオーシャンの時期は終わり，地球表面が十分に冷えて固まってくると，蒸発していた水成分が液体となり原始海洋を形成する．この原始海洋の成分を取り除いた大気の組成を巡っては，実に多くの論争が繰り広げられてきた．

大気組成を考えるうえで重要な要素が 1 つ存在する．それは太陽である．太陽は現在でも進化している．水素が核融合を起こしヘリウムに変わり，密度が増加しているからである．太陽は林フェーズの段階では非常に明るかったと考えられている．その一方で地球が形成されたころ（林フェーズより後）は，太陽は現在よりも小さかったと考えられている．太陽の体積が小さい場合，地球に到達する太陽の光は現在の 70% しかなかったと見積もられている．現在の地球環境で 70% しか太陽光が届かないと地球の平均気温が 22°C 低くなると計算されている．現在の地球全体の平均気温を 15°C とすると，−7°C まで下がる．ここまで地球の平均気温が下がると氷河が発達し，氷河が太陽光をさらに

跳ね返すので，寒冷化は進み，平均気温もさらに下がると考えられている．太陽の光の跳ね返り率を表す言葉が**アルベド**である．北極や南極は現在でも氷に覆われているのでアルベドが低い．それ以外の場所はアルベドが高い状態にある．氷河の発達に伴いアルベドが低い状態が仮に初期地球であったとすると，初期地球は完全に凍りついていたことになる．理論計算では，凍りついた状態から地球が解放されるのは，18億年前以降となっている．

しかし，38億年前の地層を残すイスア地域に枕状溶岩や海洋性の堆積岩が出現することをすでに説明した．38億年前に地球に海洋が存在していたことは，太陽からの光が少なくても地球が凍りついていなかったことを示す．ここに暗い太陽と初期地球気候の間にパラドックスが存在する．この問題はしばしば，**暗い太陽のパラドックス**（faint young sun paradox）ともよばれる．

4.5.1 セーガン博士の考え

太陽から降り注ぐ光が少ないなかで，地球を凍りつけさせない方法が存在する．もっとも効率の良い方法は，大気に温室効果ガスを蓄えることである．水や二酸化炭素（CO_2），メタン（CH_4）ガスはいわゆる温室効果が大きなガスである．アメリカのコーネル大学教授であったセーガン博士は，この点に着目し，初期地球大気がメタンやアンモニア（NH_3）に富んだ大気であった場合，地球は凍りつかずにすむと結論した（図43）．メタンとアンモニアを数%含んだ大気を想定した場合（図43のB線），40億年前の地球表層の平均気温は50℃くらいに保たれる．逆にこの大気組成が現在（点線）まで保たれると気温は100℃を超し，水は気化してしまう．初期地球の大気組成が現在と同じで太陽の光が70%しかなかった場合（図43中のA線），地球表面は，40億年前ころに−20℃まで冷えてしまう．この場合は，すべての水は凍りついてしまう．こうした理由から初期地球大気にはメタンやアンモニアが含まれていたとセーガン博士は提唱した．

メタンやアンモニアは二酸化炭素以上に効率の良い温室効果ガスであり，地球にふりそそぐわずかな光エネルギーでも宇宙に逃がさず，毛布でくるんだように暖かい状態を保ってくれるのである．1980年代ころまで，セーガン博士の考え方に同感する研究者も多数存在した．が，「初期地球大気にアンモニア

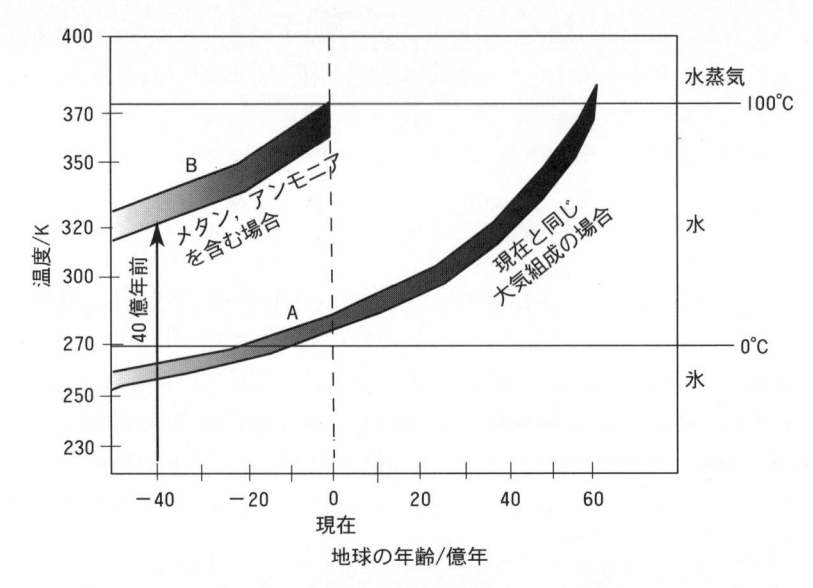

図43　大気組成と地球表層温度との関係

やメタンが含まれていた」という仮定に問題点が存在する．

　現在では初期地球の大気はむしろ金星や火星に近い組成であったと考えられている．すなわち炭素はCO_2として窒素はN_2として存在したとする考えである．CH_4やNH_3をもつ大気は，木星や土星の大気である．火星，金星と地球が，太陽系の位置関係において似たような惑星であるとする考えと，初期大気はCO_2やN_2を主体にした大気であったと考えるのが妥当である．また，なぜCO_2やN_2が主体になったかは，初期地球表面がマグマオーシャンとよばれる状態を経験したことに関係している．

　地球がマグマオーシャンとよばれる状態を経由して形成された場合，初期大気は直接高温のマグマに接することになる．そのときに，マグマと平衡共存したような大気組成となる．この場合，マグマ（マントル物質）が，その場の環境を決めるバッファとして機能する（図16）．初期大気がマグマ自身に接した状態では，QFMバッファの状態が保たれる．QFMバッファが高温状態にあるとき，メタンやアンモニアは安定に存在できない．メタンやアンモニアが存在したとしてもマグマとの反応で分解されてしまう．その一方で二酸化炭素や

窒素は，QFM バッファ条件でも安定に存在できる．こうしたことから，初期地球大気も二酸化炭素を主体にした大気であったと考えられるようになった．

4.5.2 キャスティング博士の考え

しかし太陽の光が現在の 70% しか地球に届かなかった場合，現在と同じ二酸化炭素分圧では地球はやはり凍りついてしまう（図 43）．初期地球の大気科学研究者は「いかに地球を凍りつかせないか」という問題に腐心している．ペンシルヴァニア州立大学のキャスティング博士は，初期地球を凍らせないためには，どれくらいの二酸化炭素が大気に必要かを計算した（図 44）．46～38 億年の期間に二酸化炭素単独で温室効果を十分に発揮させるためには，現在の 100～10000 倍くらいの二酸化炭素濃度を想定しなければならない．現在は 10^{-3} 気圧程度の二酸化炭素しかないが，初期地球で 1～10 気圧分は二酸化炭素が大気組成を占めていたことになる．この二酸化炭素濃度は地球の歴史とともに減少し，現在に至る（6.2.1 項参照）．

ただし，地球がマグマオーシャンとよばれる状態を経ないで形成された場合も想定されうる．隕石が融けることなく，集積していったモデルである．融け

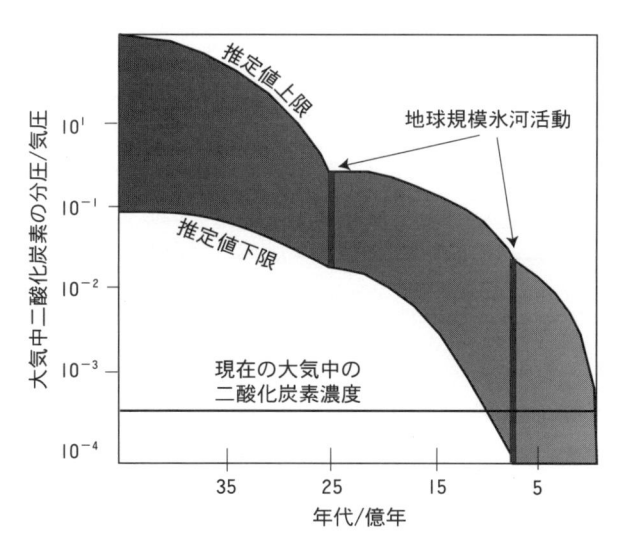

図 44 初期地球の大気中の二酸化炭素濃度

なくてもほどほどの高温を経験するが，大気と岩石を積極的に反応させるだけのエネルギーはない．これは一般に**コールド・アクリーション**とよばれているが，現在はほとんど受け入れられていない．セーガン博士が研究を開始した時代は，コールド・アクリーションのモデルが一般的に信じられていた．この場合，初期大気組成は高温のマグマと大規模に接することはないので，メタンやアンモニアは初期大気中に安定に存在することができる．

● コラム 17 ●

セーガン博士の業績

　セーガン博士は1934年に生まれた．文学士および理学士号，物理学修士号，天文学および天体物理学博士号をすべてシカゴ大学で取得．その後カリフォルニア州立大学バークレイ校，スタンフォード大学医学部（遺伝学助教授），ハーバード大学やスミソニアン天体物理観測所などで教授を歴任し，コーネル大学教授となった．NASAの宇宙探査計画立案に深くかかわり，木星探査機ボイジャー計画などにも深くかかわってきている．全世界の個人所有のパソコンをつなぎ，宇宙から送られてくる信号を解析しようとするSETI計画の創始者としても知られる．ピューリッツア賞受賞者でもあるセーガン博士は，数々のベストセラーの著者であり，そのなかで科学書『コスモス』が有名である．セーガン博士は，米国惑星協会の創設者の一人にして初代会長であり，アメリカの大学から20の名誉博士号を授与されている．コーネル大学在職中1996年，62歳で死去した．現在では，その研究はNASAのチャイバ博士らに受け継がれている．セーガン博士の夫人であったマグノリウス博士も著名な生物学者であり，生物進化研究で知られている．

第5章

生命の誕生：化学進化

5.1 さまざまな化学進化仮説

　地球上で大陸が安定化し，海洋が生成されると，やっと生命が誕生できる環境が整ったといえる．無機的なものしか存在しなかった地球に生命が誕生したのは，不思議な話である．こうした無機的地球が有機生命体を育むための，生命の起源に関しては，実に多くの考えが存在する．現段階での生命起源の研究は，生命そのものをつくるという考えには至っていない．生命をつくるための前駆物質をいかにつくるか，その環境がどのようなものであったかに焦点が当てられている．生命をつくる前駆物質も，簡単な分子から複合分子などさまざまなものが存在する．RNA，DNA，タンパク質など，より生命に近い形へ準備されてから，初めて生命へと発展する．この簡単な有機分子から複雑な分子，そこから生命体への進化を，**化学進化**とよぶ．生命が進化するように，化学物質が進化する現象をいう言葉である．化学物質の進化は一瞬の現象でなく，数千万年～数億年もかけて起こる現象と考えられている．この化学進化に関する問題が，現在の生命起源研究の柱となっている．

　19世紀前半には生体有機分子は生物のみがつくることができて，決して無機的にはできないとする考えが横行していた．この既成概念を打ち破ったのがドイツの化学者ヴェーラーである．彼は医師から化学者へ転向し，28歳のときにシアン酸アンモニウムから尿酸の合成に成功した（図45）．彼の恩師であ

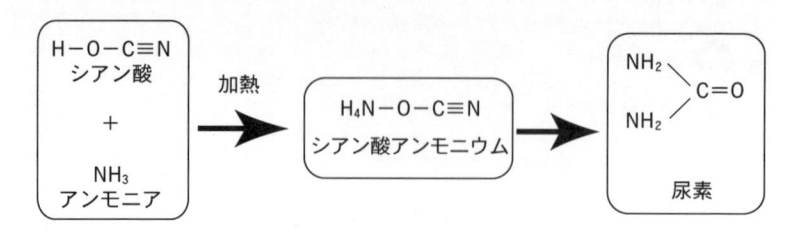

図45　尿酸の生成

るスウェーデン人のベルセリウスは，生体分子は人工的に絶対につくれないと主張していた張本人であり，恩師を含めた世界中の科学者に対する衝撃は大きかった．その後，アラニン（アミノ酸の一種）や糖の人工合成が1850～60年代に行われた．しかし，これらを生命起源と結びつける概念はまだ存在しなかった．こうした有機化学の芽生えとともに，イギリスの博物学者ダーウィンの研究が化学進化研究へ踏み出させるきっかけをつくった．ダーウィンの「生物は進化する」とする考えは「生物は神がつくった」とする当時のヨーロッパ社会の常識を覆すものであった．

　有機合成の成果を生命起源に結びつける説を最初に提唱したのは，ロシア（当時はソ連）の生化学者オパーリンである．オパーリン博士は，1922年，化学進化に対する考えを講演で発表し，その後1924年に『生命の起源』という本で詳細に彼の理論を展開した．オパーリンの説によると，3つの段階を経て化学進化ののちに，生命が誕生する．第1段階では，大気中のメタンがアンモニアと反応して，生体の基本となる窒素を中心とする成分（アミノ酸，核酸塩基など）が合成され，第2段階では，アミノ酸が集まりタンパク質を合成したり核酸が形成され，海洋にたまっていく，第3段階で，タンパク質や核酸を中心とする集合体が外界から隔離され，細胞のような振舞いを始め，外界と物質代謝をし始めるという考えである．この"化学進化"の第一歩がアミノ酸生成である．とくに「生命は温かい有機物のスープの中で生まれていった」というオパーリン博士の言葉が，後の研究者を大きく束縛していく．

5.1.1　アミノ酸

　アミノ酸は非常に簡単な分子構造をしている（図46）．分子内にカルボキシ

5. 生命の誕生：化学進化 • 113

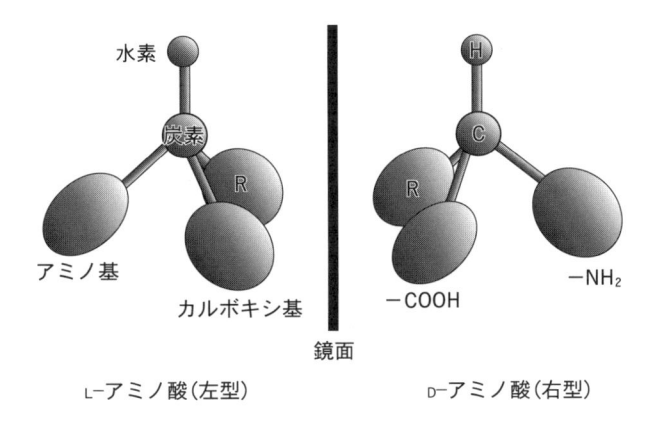

図 46 アミノ酸の基本的構造

基（−COOH）とアミノ基（−NH₂）をもつことが絶対条件で，そこに炭化水素，硫黄化合物などが加わる（Rの配位位置）．このアミノ酸のRに相当する部分を変化させて，何種類ものアミノ酸をつくることが可能である．カルボキシ基とアミノ基およびR以外の場所に水素が結合しているアミノ酸を一般に α-アミノ酸とよぶ．アミノ酸の人工合成は19世紀中ごろに成功している．当時はアラニンやグリシンなど1種類のアミノ酸をつくるのに手一杯であった．そこに，複数のアミノ酸や糖などを同時につくる努力がアメリカの化学者ミラー博士によってなされた．

5.1.2 ミラーの実験

ミラー博士は，シカゴ大学の大学院生であったときに，以下の実験を行った．メタンとアンモニアガスを満たしたフラスコに水蒸気を送り込み，一連の流れができる装置を組み立てた（図47）．その実験装置には，電極が取り付けられ，放電を行えるようにした．彼は初期地球の大気はメタンやアンモニアに富んでいたという当時の考えに基づき，それをフラスコに封入したわけである．そこに放電をしてやると，アンモニアやメタンが反応し，生体有機分子ができるのではと考えた．この放電は，いわば地球表層の雷を模したものである．放電実験の生成物は，水蒸気とともに運ばれ，冷やされたフラスコの底にたまる．そこには水溶性の物質がたまるようなトラップが付けられていた．一

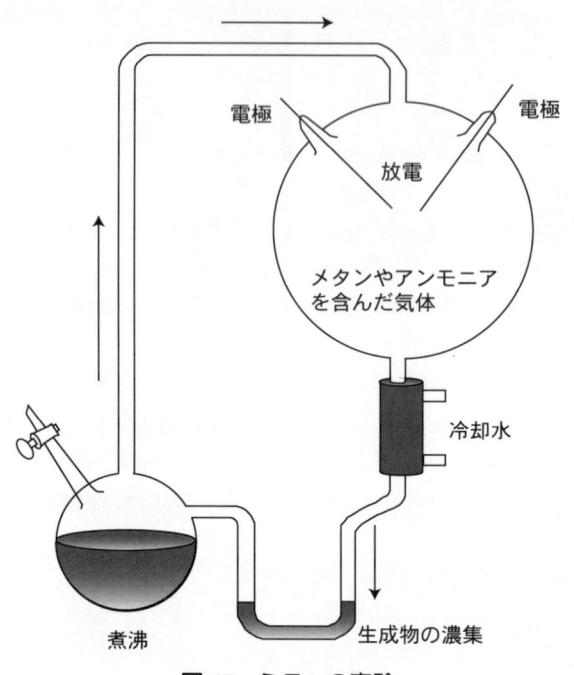

図47 ミラーの実験

連の実験を1回で終わらせず，何日も継続させて行った．トラップの中には最初，純粋な水しか含まれていなかったが，時間とともに黄色や赤色に変化していった．トラップの水の中の成分を分析してみると，アミノ酸が含まれていることが見い出された．この実験で生成されたアミノ酸は，表10に示したとおりである．アミノ酸以外にもカルボン酸，糖，核酸塩基なども実験生成物に含まれていた．全体の30%はアラニン，グリシンなどのアミノ酸である．これは1952年に発表された成果であり，当時としては画期的なものであった．

ミラー博士は，この有名な実験の構想を大学院生のときに考えた．当時，ミラー博士の属していたシカゴ大学にはユーリー博士がいた．ユーリー博士自身はノーベル化学賞受賞者で，宇宙における元素の起源などの研究を行っていた．宇宙における生命の起源もユーリー博士にとって重要なテーマであり，オパーリン以来の化学進化説を積極的に取り入れていった．ミラー博士が仮定した初期大気組成はユーリー博士のモデルでもあった．

表10　ミラーの実験の生成物

カルボン酸	アミノ酸
ギ酸	グリシン
酢酸	アラニン
プロピオン酸	α-アミノ酪酸
C 4〜10 の直鎖および分枝脂肪酸	バリン
グリコール酸	ロイシン
乳酸	イソロイシン
コハク酸	プロリン
	アスパラギン酸
核酸の塩基	グルタミン酸
アデニン	セリン
グアニン	トレオニン
キサンチン	
ヒポキサンチン	糖質
シトシン	直鎖状および枝分かれしたペントースとヘキソース
ウラシル	

　このノーベル化学賞受賞者ユーリー博士の授業は，実にいろいろなアイディアにあふれたものであった．そうした授業を聞きながら，ミラー博士は独自の考えを熟成させた．ミラー博士はユーリー博士の学生になろうと試みるが，ユ

● コラム 18 ●

ユーリー博士の業績

　ユーリー博士（Harold Clayton Urey）はアメリカで 1893 年に生まれた．1923 年に学位を取ったのち，コペンハーゲン大学の物理学者ボーア博士のもとで研究に従事した．帰国後はコロンビア大学，シカゴ大学，カリフォルニア大学の教授を歴任した．ユーリー博士は 1931 年より重水素の研究を手掛け，重水素を分光学的に分離することに成功した．この業績がもとで 1934 年にノーベル化学賞を受賞した．それと同時に液体から蒸気などといった相が変化するときの安定同位体の分別メカニズムの先駆け的研究を行った．そのほかにも地球宇宙化学研究分野における貢献も大きい．彼の興味は宇宙空間に存在する物質の起源であった．先に出てきた，隕石の分類や元素存在度にユーリー博士の名前が用いられているのも，彼の業績によるところが大きい．生命体も宇宙にただよう物質の一部と見なされたわけである．

ーリー博士は，それを何回か拒んだ．しかし，最後はミラー博士を受け入れ，ユーリー博士の研究室で実験を行うに至った．実験が成功し，いざ公表しようとする段階で，ユーリー博士はその論文の共著者にならず，ミラー博士単名の原稿を雑誌に投稿した．指導教官であるユーリー博士が公表論文の共著者に名前を連ねないのは異例なことであった．投稿後，論文はなかなか雑誌掲載の許可が出なかった．革新的研究を大学院生が簡単にやってのけたことに対して抵抗感があったのであろう．しかし努力の結果，アメリカの *Science* という科学雑誌に公表された．

5.1.3　ペプチドからタンパク質へ

アミノ酸だけをつくっても生命体へと変化はしない．アミノ酸を重合させタンパク質へと発展させなければならない．2分子のアミノ酸が重合すると，いわゆるペプチド結合を形成する（図48）．ペプチド結合を生じる反応は，脱水反応である．たとえば，アラニンとグリシンが1分子ずつ重合すると1分子の水が放出される．このペプチド結合が15個以上連なった化合物をタンパク質

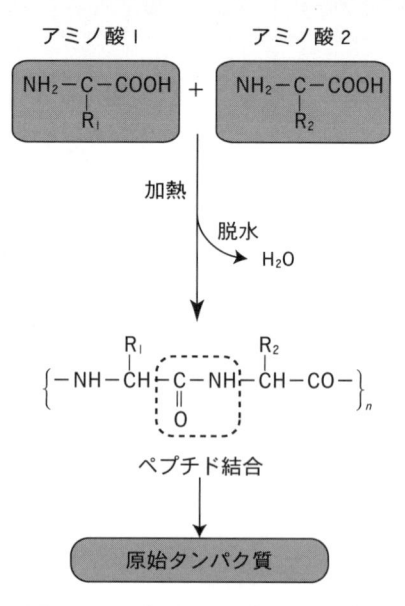

図48　ペプチドの生成メカニズム

とよぶ．そこで，いかにペプチドを天然環境で生成し，それをタンパク質へ進化させるかが次の論点となる．

　アミノ酸からタンパク質合成にかけては，実験による実証の難しさから明快な答えを得ていないのが実情である．そこにはさまざまな考え方が存在する．非常に奇抜な考えが，大阪大学名誉教授である赤堀四郎博士によって提唱された．赤堀博士は東北大学出身であると同時に，日本におけるペプチド・タンパク研究の基礎をつくられた大学者である．赤堀博士は，還元大気などを想定しアミノ酸生成実験を行う際，NH_2-CH_2-CN（アミノアセトニトリル）が生成することに着目した．この物質はエネルギー状態が高く，反応しやすい．アミノアセトニトリルどうしが反応し合って重合するというのである．結果としてポリグリシンとよばれるペプチドが生成される（図49）．赤堀博士は，これらがやがてペプチド結合が連なったタンパク質へと進化していくのではと仮説を立てた．この反応過程で一部はペプチドを形成せずにアミノ酸分子となる．すなわち，アミノ酸とペプチドが同時に生成されるわけである．赤堀博士のこ

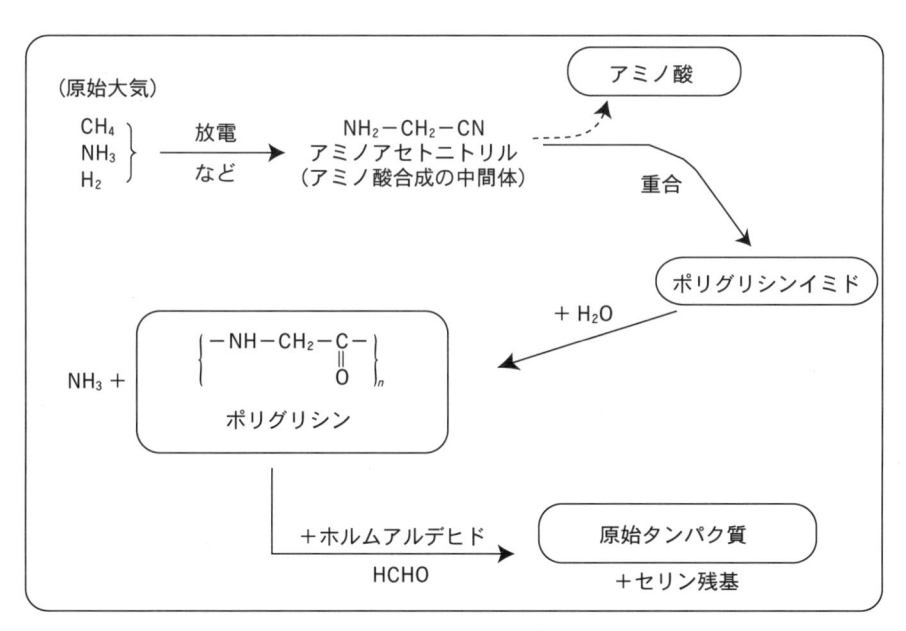

図49　ペプチド生成のためのポリグリシン説

の説はしばしば，**ポリグリシン説**とよばれる．アミノ酸を出発物質にしてペプチドをつくるのでなく，まずタンパク質に進化すべき物質が形成され，そこからアミノ酸もペプチドも同時に生成されるとする考えである．このほかにもアメリカの化学者フォックス博士と日本の原田 馨博士（筑波大学名誉教授）が初期地球の火山活動環境を想定したアミノ酸重合実験も行っている．彼らはアミノ酸濃集物をまずつくり，そこに150～200℃くらいの熱を加え，結果としてペプチド生成に成功するなどとしている．そこでフォックスたちは，熱によるアミノ酸重合は初期地球におけるタンパク質生成の重要な道筋であると考えた．

ペプチド形成反応は脱水反応である．そこでペプチド形成に関して脱水剤を加味したアイディアは多くの研究者から提唱されてきている．初期地球環境で何が脱水剤として機能するか議論が分かれている．核酸生成に重要なポリリン酸を想定する研究者や**粘土鉱物**を用いる研究者がいる．

そのなかで，**干潟における化学進化仮説**など著名な説がある．現在の地球表層の海岸沿いには潮の満ち引きの関係でしばしば干潟が形成される．潮が満ちているときは水没するが，潮が引くと海底面が顔を出す地域である．干潟の底は粘土鉱物とよばれる細かな結晶が集合している．一見，泥のようにみえる物質が粘土鉱物の集合体である．粘土鉱物は一つひとつの結晶のサイズは著しく小さく，20 μm 程度である．この粘土鉱物にはさまざまな物質を吸着させる能力が存在する．干潟にふんだんにある粘土鉱物が海水の特定成分を取り除く作用があり，干潟の泥が"浄水器"のような役目をするわけである．この干潟の泥の中の粘土鉱物はアミノ酸なども吸着することができる．アミノ酸のペプチド化を促進させるためにイギリスのケアンズ・スミス博士やバナール博士は，この粘土鉱物がもつ吸着能力と，干潟が干上がる効果に着目した．ケアンズ・スミス博士は，最初のアミノ酸はミラーの実験のようにして形成されたと考えた．アミノ酸は水溶性であり，まず雨水に溶ける．その後，海に注がれる．しかし海に注がれた段階では非常に濃度は稀薄であり，アミノ酸どうしが重合することは期待できない．海洋に溶けていたアミノ酸が粘土鉱物によって，ある特定の場所（干潟）に濃集する．干潟が乾くことによって脱水反応が促進される．そこで，ペプチドが形成されると考えたのである．

コラム 19

粘土鉱物の不思議な性質

粘土鉱物は，SiO_4 四面体を骨組みにもつケイ酸塩鉱物の一種である．粘土鉱物の場合は，骨組みがさらに増える．SiO_4 四面体の基本的骨組みに加え，そこに (a) $Al(OH)_3$ か (b) $Mg(OH)_2$ を主体にした別の八面体が SiO_4 四面体の骨組みと平行に配列し，基本的構造をつくっている (図 50)．八面体ブロック列どうしの間には隙間が存在し，そこに K^+, Ca^{2+} などの陽イオンが入り，異なった粘土鉱物を形成する．カオリナイト，モンモリロナイトなどが粘土鉱物の代表である．粘土鉱物の結晶の層間は，大きさが合えば特定分子を取り込むことが可能である．ふるいのようなはたらきをするので，**分子ふるい**とよばれる．

陽イオンの入り方によって粘土鉱物の結晶表面は電気を帯びる．この電気の荷電の仕方によって，反対の電荷をもつ原子や分子が引きつけられ，粘土鉱物表面に吸着させることが可能になる．分子ふるいとは異なるが，吸着能力と併せて，粘土鉱物の特性が水の浄化などに応用されている．帯電した粘土の表面に引き寄せられて結合する分子にはアミノ酸やヌクレオチドなど，有機物質もたくさん含まれている．

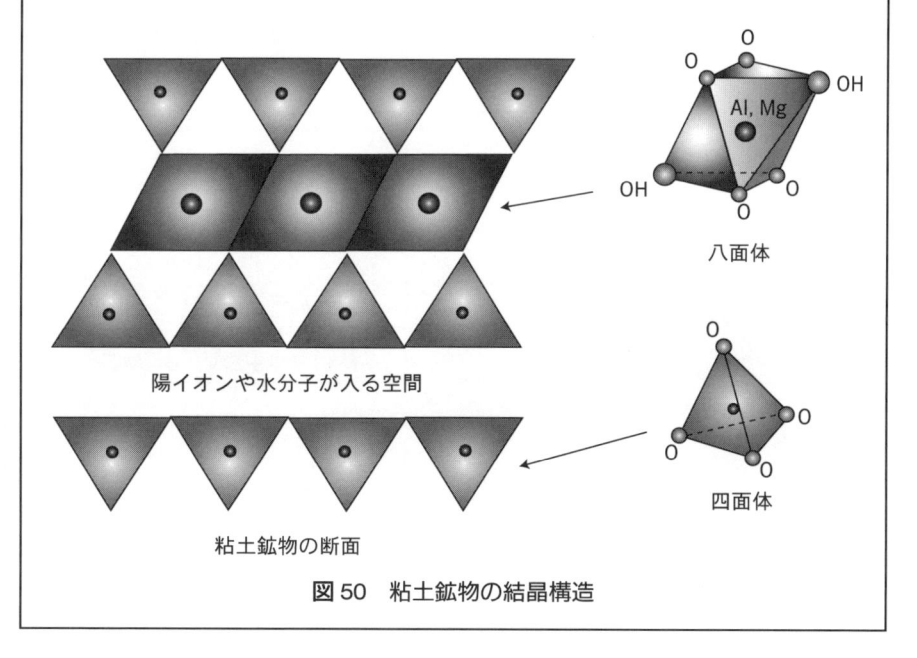

図 50 粘土鉱物の結晶構造

しかし，ケアンズ・スミス博士らの考えは，反応に要する時間に関する問題や，ペプチドを粘土の入った岩石から，どのように解放するかなどの問題が考慮されていなかった．そこで考案されたのが，東北大学教授であった中沢弘基博士によるペプチド結合の**地殻内胚胎説**である．粘土鉱物にアミノ酸が濃集されるのはケアンズ・スミス博士の考えと同じである．それを堆積させる場を普通の海洋底としたのが地殻内胚胎説である（図51）．粘土が海洋底に堆積する間に，海中のアミノ酸分子を吸着させる．アミノ酸を吸着した粘土は海洋底に降り積もり，結果として堆積物の中はアミノ酸濃度が高くなる．海洋底に堆積したアミノ酸を吸着させた粘土鉱物は時間が経つにつれて温度・圧力を増すことになる．この過程で堆積物の中から水が抜け，粘土鉱物も脱水していく．すなわち，脱水反応が進行する．するとここでアミノ酸が重合し，ペプチド結合がつくられることになる．海洋堆積物の多くは，前節で説明したようにプレートの動きに乗ってあるものは沈み込み，あるものは既存の陸地に付加する．この付加する過程で，地中深くから浅所を動く水の流れができる．堆積物の中で形成されたペプチドは，この水によって地表に運ばれる．すると今度はペプチドが海洋に蓄えられる．こうしたプロセスを何回か経由することによって粘土

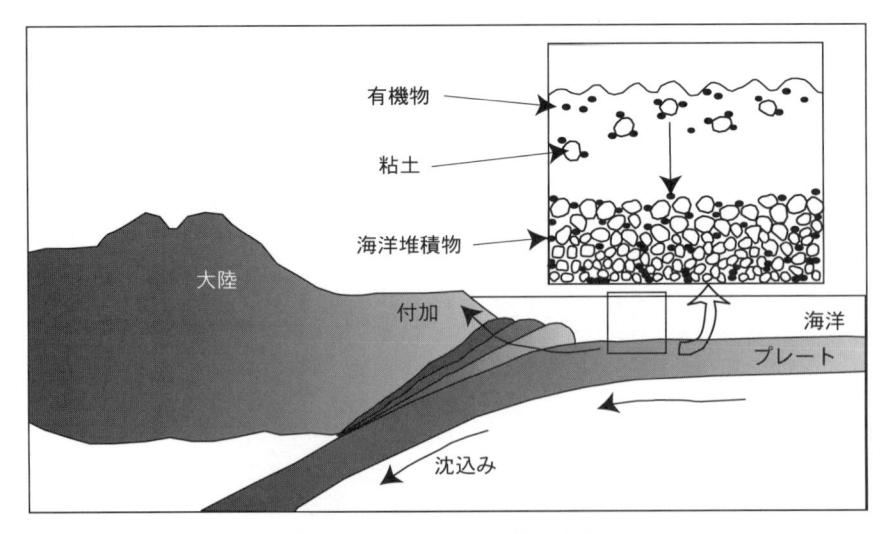

図51　生命起源地殻内胚胎説

鉱物を介したペプチド化はさらに進行し，やがてタンパク質ができるという仮説である．この仮説では，プレートがベルトコンベアのように機能し，地球のダイナミクスが化学進化を推進させる駆動力になっているというアイディアが盛り込まれている．実験室で化学進化実験を行っても，化学進化を進行させる駆動力の問題に突き当たる．駆動力を何億年も継続させるプロセスも実験室では再現できない．地殻内胚胎説は，地球科学情報を取り込み，こうした問題を解決している．過去の生命起源説に地球のダイナミクスが加味されてこなかったことのほうが，不思議なことであったかもしれない．

5.1.4 核酸とRNAワールド

化学進化はいわば2つの車輪から成り立つ（図52）．ひとつは上述してきたアミノ酸生成と，その後のタンパク質化である．もうひとつは，ヌクレオチドをつくり，核酸を形成することである．タンパク質は材料としてアミノ酸があればよいが，核酸形成には異なった材料が必要になる．核酸塩基，糖，リン酸である．

核酸塩基と糖が結びついたものは，一般に**ヌクレオシド**とよばれる（図53）．ミラーの実験などで，簡単に生体有機分子が形成されることが示され，

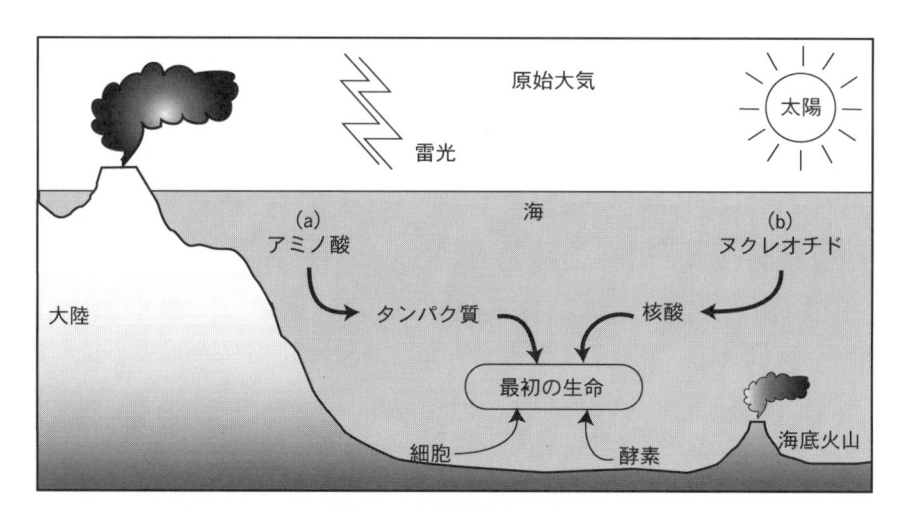

図52 化学進化の両輪

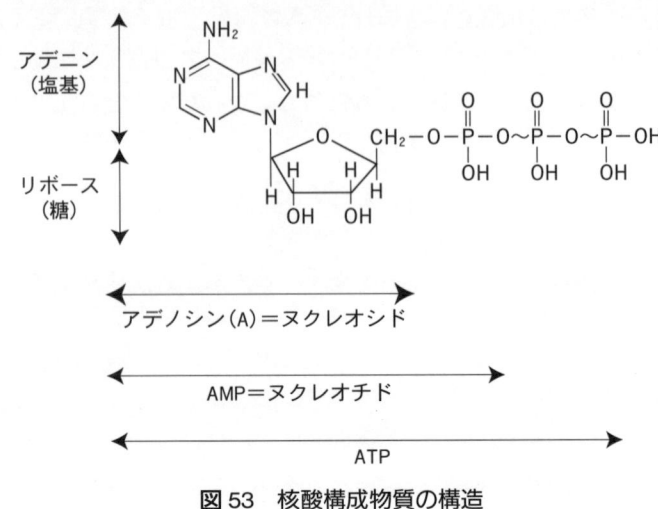

図53　核酸構成物質の構造

そのなかには糖や塩基も含まれていた．このヌクレオシドにリン酸が化合したものを**ヌクレオチド**とよぶ．核酸は，このヌクレオチドがいくつも連なってできた化合物である．実際に強い紫外線を当てた条件でヌクレオシドが形成されることが確認されている．ここにリン酸を加え紫外線を当てたり加熱したりするとやはり，ヌクレオチドに進化していくことも確認された．紫外線が唯一のエネルギー源ではないであろうが，初期地球環境で条件さえ整えばヌクレオチドが形成され，それが重合していってもおかしくない．このヌクレオチドがさらに重合し，RNAなどをつくっていく．

初期地球海洋環境において，タンパク質や核酸は一斉に形成されたであろう．それらをつくる材料は豊富にあったことが予想されるので，多くの研究者は"有機物のスープ"の海を初期地球の海として想定している．この有機物のスープから，核酸のほうが他の生体分子よりも早く形成され，**RNA**（**リボ核酸**）スープとなっていたとする仮説が存在する．タンパク質形成よりもRNAのほうが先に多量に形成され海水を支配するとする仮説を**RNAワールド仮説**とよぶ．この考えが生まれた背景には，ある種のリボ核酸には自己複製能力と酵素に似た触媒能力が存在することがある．この両者は，生命活動に欠かすことができない作用であり，リボ核酸が最初にその役目をしていたとする考えに

つながっている．とくに酵素の機能をもつ RNA はリボザイムとよばれている．このリボザイムの発見により 1989 年にチェック博士とアルトマン博士にノーベル化学賞が与えられた．リボザイムのような RNA があれば，アミノ酸のペプチド化は簡単に進行する．すなわちタンパク質も簡単にできてしまうというのが RNA ワールド仮説の利点である．

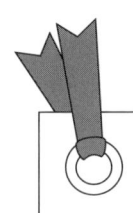

ブックマーク 8：DNA, RNA, ATP

　DNA（デオキシリボ核酸）や RNA（リボ核酸）などの核酸は 4 種類のヌクレオチドが連なった重合体である．ヌクレオチドは糖リボース（またはデオキシリボース）にリン酸，それに 4 種類の塩基のいずれかが結合したものである．DNA と RNA では構成される塩基が異なる．DNA ではアデニン（A），シトシン（C），グアニン（G），チミン（T），RNA の場合は A，C，G に加え T の変わりにウラシル（U）が用いられる．DNA は遺伝情報の基礎的単位である遺伝子を形成している．遺伝子は種々の型の RNA を合成し，この RNA の多くはタンパク質合成に関与している．DNA，RNA ともに二重らせん構造をしている．最初にこの二重らせん構造を明らかにしたワトソン博士とクリック博士にも，ノーベル医学生理学賞が授与されている．

　われわれが食物を食べるとそれはエネルギーに変わる．体の中で食べ物をエネルギーに変換する化学反応が起こっている．そのエネルギーが体の末端まで運ばれる．体の末端までエネルギーとして運ばれるためには，ATP とよばれる物質の助けが必要である（図 53）．ATP とは，アデノシン三リン酸（adenosine triphosphate）の英語名の頭文字をとったものである．構造はヌクレオチドに似ており，リン酸が一つしかないヌクレオチドに比べ，ATP はリン酸が 3 ついている．ほとんどの生命体の中にこの ATP を合成する反応回路が存在し，体の中に入った食べ物は ATP に変えられる．ATP が運ばれた体の末端では，リン酸が切り離される．このときにエネルギーが生じ，このエネルギーを用いて生命体は生命活動に必要なエネルギーを得ている．

しかしタンパク質のほうが初期地球環境では合成しやすいことなどがあり，RNAが先に生成されたか判断しにくい．RNAワールドが存在しても，化学進化を押し進めるためにはエネルギー（駆動力）が必要であり，そのエネルギーをどこに求めるか，まったく説明がつかない．そのような理由からRNAワールドが初期地球環境に本当に存在していたか，議論が分かれるところである．

5.1.5　機能と構造の伝達：鉱物からのメッセージ

タンパク質は単なるペプチドの集合体でなく，結晶のように規則性をもって配列している．DNAなど遺伝情報を伝える物質も規則正しいらせん構造をしている．こうした構造がなぜできるか謎のままである．「鉱物が鋳型になって生体分子の構造を決めた」とする説が可能性のひとつであろう．そのときに重要になるのが，やはり粘土鉱物である．粘土鉱物の結晶表面は完全ではなく欠陥が多い．そのために決まった形や大きさのアミノ酸やヌクレオチドを引き合わせ，粘土鉱物の表面で特定の組合せをつくることができる．生体分子を決まった方向に並べながら合成も促進されるであろう．この一連の考えが1950年代初期に，イギリスの物理学者バナール博士によって提唱された．1970年代に行われた実験によって，モンモリロナイトとよばれる粘土鉱物は，アミノ酸が重合し配列化する過程での**触媒**となることが証明された．1990年代にアメリカのフェリス博士らは，モンモリロナイトを触媒にしてヌクレオチドの重合に成功した．この反応で，粘土鉱物がみせた触媒作用は，現在の生命体がもっている酵素と同じ作用である．これら一連の実験は"RNAの配列の仕方"が粘土鉱物の触媒反応で決められていることを示している．"RNAの配列の仕方"＝遺伝情報であり，粘土鉱物が遺伝情報の内容を決めたことになる．

こうした一連の研究と同時期に，さらに発展した理論も提唱されてきている．ケアンズ・スミス博士は，粘土鉱物が触媒としてはたらいただけでなく，遺伝子の代わりとして機能したという考えを提唱している．ケアンズ・スミス博士の理論はしばしば**"遺伝的乗っ取り"**と称される．この理論は簡単なヌクレオチドが粘土の結晶に埋め込まれることから始まる．粘土鉱物表面は隙間だらけで，でこぼこしている．そうした隙間や凹凸を生体分子などの別の物質で

埋め合わせをすると，粘土鉱物自身が成長しやすくなる．

　有機分子を吸着させた粘土鉱物は，さらに成長し，最初に吸着していた有機分子自身も分子量や重合度を増加させ，成長していく．粘土鉱物側には自己複製しようとする情報があり，条件が整えば自己複製（すなわち，大きな結晶になろうと）していく．仮に核酸分子が粘土鉱物に吸着していた場合，RNAの前駆体も成長していくことになる．この段階ではRNA前駆体側には，たいした情報は入っていない．しかし粘土鉱物がRNA前駆体を吸着させては成長する操作を繰り返すとRNA前駆体自身の並びが良くなっていく．RNAのような複雑な有機巨大分子は粘土鉱物よりも多くの情報を蓄え，しだいに粘土鉱物から受け継がれた機能を高めていく．粘土鉱物表面で複製されていくなかで，次第にRNAのほうが優位になっていく．最後にはRNAが完全に"乗っ取り"を成し遂げ，自己複製能力（＝遺伝情報）を粘土鉱物から引き継ぎ，一緒に成長してきた粘土は姿を消してしまう．ケアンズ・スミスはこのように，粘土結晶が最初の生命の遺伝子進化における足場であったと主張している．

5.1.6　細胞へ

　タンパク質は**親水コロイド**である．すなわち，水分子をタンパク質表面で配列方向を揃えながら並べる能力をもっている．親水コロイドにアルコールや塩をゆっくりと加えると，相分離とよばれる現象を起こし，コロイド分子が多く集まって小さな液滴をつくる現象がある．この液滴を**コアセルベート**とよんでいる．コアセルベートはコロイド状分子が円形に配列しており，その内部は溶液が満たし，コロイド状分子が内部液体と外部液体を分ける壁として機能する．この現象は，当初，化学反応のひとつとして研究されてきた．前述のオパーリンはこのコアセルベートの形態と化学的性質に着目した．オパーリンはコアセルベートを細胞の前駆体として考えたのである．このコアセルベート内部にRNAなどの生体有機分子が入り，コアセルベートのコロイド状分子の壁を介して物質のやり取り（代謝）を行い，あたかも細胞質生物のような振舞いをするとオパーリンは提唱しており，**コアセルベート説**ともよばれる．1959年にアメリカのフォックス博士と日本の原田 馨博士は，蛋白質性のコアセルベート（ミクロスフェアと命名）を実験でつくった．これは現生の生物と同じよ

うに二重の膜をもち，増殖に似た挙動も示す．一番はじめのコアセルベートがどのような組成をしていたか，まだ多くの議論の余地はあり，鉱物がはじめのコアセルベートであったと考えている研究者も多く存在する．いずれにしても最初の生命体の形がコアセルベート状物質で構成され，やがて現在生きている生物の細胞へと進化していったのであろう．

近年，アメリカの研究者によって粘土鉱物もコアセルベートと同じ組織を示すことが実験で示された．ある種の粘土鉱物集合体は，中が空洞になった円形の構造をもつ．空洞の構造をもった粘土鉱物をRNA, DNAを含んだ水溶液に浸すと選択的にDNA, RNAが粘土鉱物内部に取り込まれる様子も観察された．初期生命体の形も鉱物によって決められた可能性を示す研究例である．

5.1.7 海底熱水場での有機合成

タンパク質や核酸をつくる材料有機分子が，初期地球環境で条件さえ整えばつくりえたことは，すでにいくつかの実験が示している．たとえばミラーの実験は，アミノ酸や糖，塩基が合成可能なことを示した．すなわち，生命体の材料は簡単にできるのである．次に必要なのは化学進化を何億年もの歳月をかけて動かし続けるエネルギーである．初期地球でエネルギー源となるのが，紫外線，隕石の衝突，火山活動，落雷などである．そのなかでは宇宙からの紫外線のもたらすエネルギーが圧倒的に大きい．オパーリンの化学進化仮説に関連した多くの実験は紫外線をエネルギー源として想定している．現に生物学者でありノーベル賞受賞者のカルビン博士らはミラーが行った実験を，落雷でなく紫外線や宇宙線照射で行い，反応が進行することを確認している．

それと同時に，こうした化学進化モデルは初期大気にメタンやアンモニアが含まれていたことを前提条件としている．メタンが炭素源，アンモニアが窒素源となってアミノ酸などの生体有機分子をつくったとする仮定である．しかし，初期地球大気に十分な量のメタンとアンモニアが存在しなかったとするのが現在の主流な考え方である．すなわち，既存の化学進化仮説の前提条件が崩れる．なおかつ，オパーリン博士やミラー博士の研究からは，高い濃度をもった有機物スープの中で生命体をつくらなければならない．結局，海水環境では水が主成分であるために，十分に濃いスープをつくるのは難しいかもしれな

い.

　そこで，1980年代から，まったく新しい考えが登場した．何千メートルもある海洋底で起こる化学反応によってすべての問題を解決しようとする考えである．この考えはヴェヒタースホイザー博士によって提唱された．ヴェヒタースホイザー博士は，もともとドイツの弁護士であった．彼の主だった仕事は，科学者の特許申請にかかわる仕事であった．そうした弁護士としての仕事の最中に，彼は天然に産出するある鉱物（結晶）の表面で生命にとって重要な有機物がつくられたと考えた．その鉱物とは黄鉄鉱とよばれる鉱物である．組成は FeS_2 であり，鉄と硫黄の化合物である．この黄鉄鉱はまず FeS という結晶ができ，最終的に FeS_2 という組成をもつ鉱物になる．

　この黄鉄鉱結晶の表面は，さまざまな分子を吸着させる能力を有している．

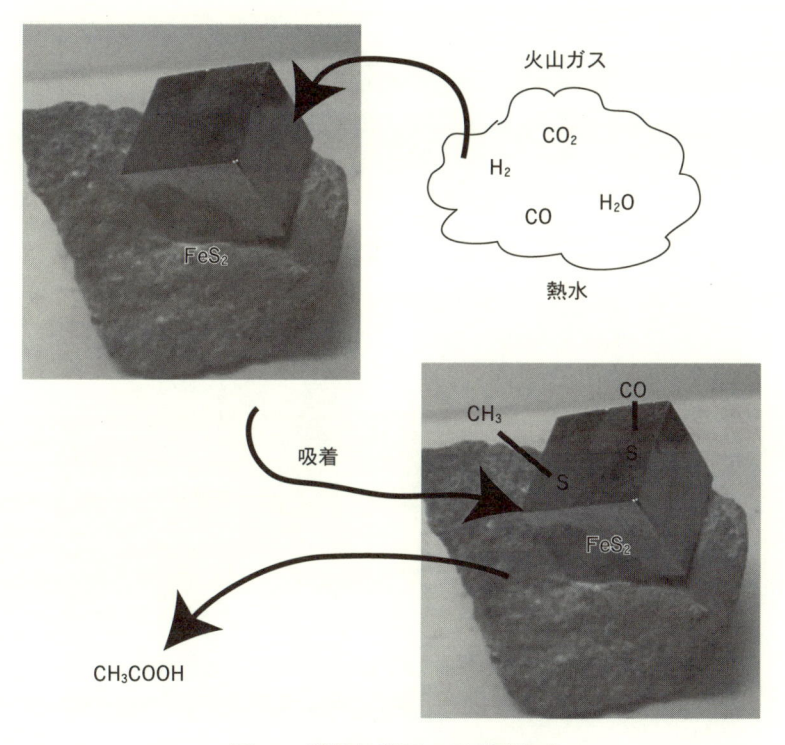

図54　黄鉄鉱表面での酢酸生成

この結晶表面に CO_2 や CO といったガスや水も吸着する．吸着した物質は，FeS または FeS_2 が触媒として作用して酢（酢酸）のような簡単な有機酸をつくったり，吸着したアミノ酸の重合が進行しているのが確認されている（図54）．それでは，地球上のどこで，黄鉄鉱が普遍的にみられ，なおかつ一酸化炭素（CO）や CO_2 と反応するのであろうか？　それは中央海嶺など海底で火山活動が頻繁に起こっている場所である．

　海底で火山活動が起こっている場所では，海底火山の中に発達した断層などを通して，冷たい海水（平均4℃程度）が地下数キロメートルまでもぐり込む．この深さまで海水がしみ込んだ場所には，マグマだまりが存在している場合が多く，冷たい海水が，熱いマグマで温められる．地下数キロメートルまで

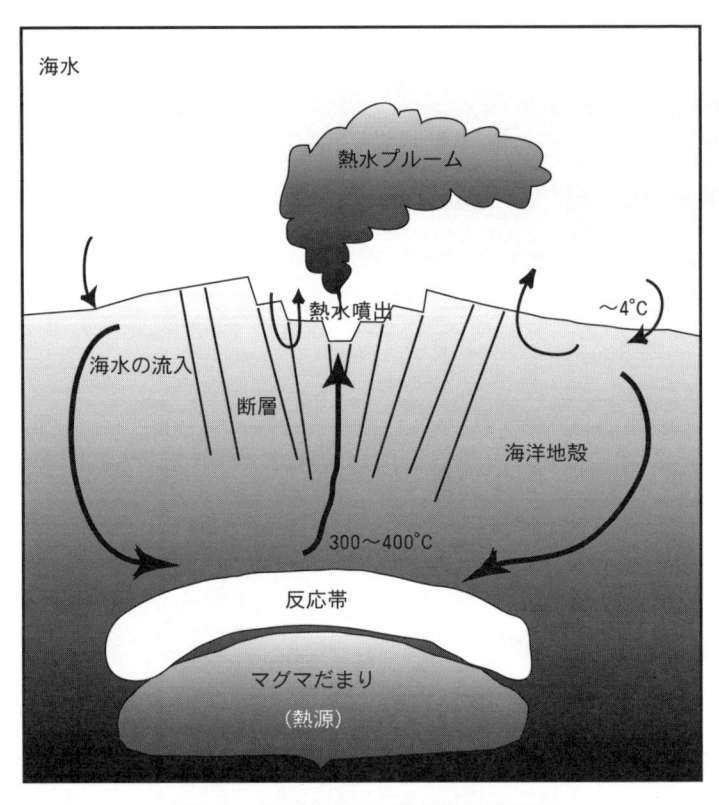

図55　中央海嶺での海底熱水の循環

もぐり込んだ海水はマグマの熱で350℃前後にまで温められる（図55）．このようにマグマなどの熱源で温められた水を**熱水**とよぶ．日本列島で普通にみられる温泉も一種の熱水である．地下で温められた熱水の密度は軽く浮力をもつ．こうした浮力のために，冷たい海水が下降するのに対して，熱水は上昇する．断層などに沿って海底面まで上がってきた熱水は，やがて海水中に噴出する．こうして海底で熱水が噴出している活動を**海底熱水活動**とよび，中央海嶺など海底火山活動が活発なところで頻繁にみられる．海底熱水活動は，海底2000〜4000mくらいのところで多くみられる．この水深での**水の沸点**は100℃より高くなり，300〜400℃くらいである．すなわち陸上では考えられない高温の温泉が海底面に噴出している．

こうした海底熱水活動は，日本近海でもみられる．伊豆-小笠原地域の海底（明神，水曜海山），沖縄周辺などがその典型である．アメリカ西海岸沖の太平洋（ファンデフーカ）や大西洋の中央部（タグマウンド）など，多くの場所で海底熱水活動が見い出されている（図56）．アフリカ大陸とアラビア半島の間に位置する紅海でも海洋底の拡大に伴う海底熱水活動がみられる．そのなかで

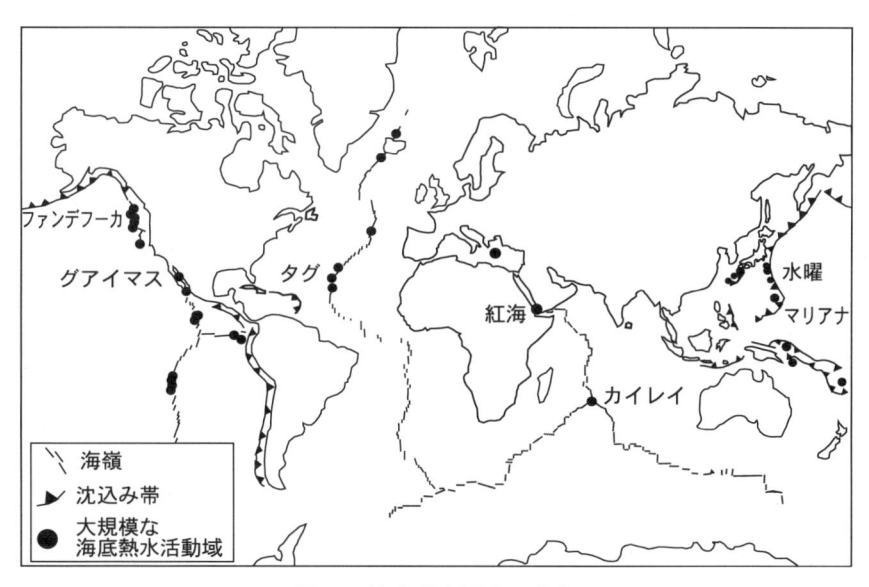

図56　海底熱水活動の分布

も，2000年8月にインド洋中央海嶺ロドリゲス3重点で，日本人研究者によって海底熱水活動が見い出された．インド洋からの報告は世界で初めてである．発見に携わった海洋科学技術研究開発機構の船舶の名前をとり，"カイレイ・フィールド"と名づけられた．

海底熱水活動が起こっている地下では，冷たい海水，熱い熱水と岩石が反応し合う．海水のpHは全海洋共通で，8前後である．この弱アルカリ性の海水が地中深くもぐり込み，マグマの近くまで到達すると，海水は温められ，熱水になる．同時にマグマから放出される揮発性成分が熱水の中に含まれるようになる．この揮発性成分のなかには，塩酸（HCl）のような強い酸をつくる成分や硫化水素（H_2S）やCO_2なども含まれたりする．海底下で熱水からさまざまな陽イオンが鉱物として沈殿する事で，H^+が熱水に残されたりする．すると，熱水のpHが8から酸性の領域（多くはpH 2～4）に入るようになる．強い酸性で，なおかつ高温の熱水は，周辺の岩石と激しく反応し合う．こうした岩石・鉱物反応によって，もともとの鉱物は別の鉱物に変えられてしまう．たとえば曹長石とよばれる鉱物が酸（H^+）と反応すると，カオリナイトとよばれる粘土鉱物と石英を生じる．

$$2 NaAlSi_3O_8(曹長石) + H_2O + 2 H^+$$
$$= 2 Na^+ + Al_2Si_2O_5(OH)_4(カオリナイト) + 4 SiO_2$$

この反応が起こると水と酸（H^+）が鉱物に加わり，結果としてナトリウムが鉱物側から取り去られ，溶液に溶け出す．これはひとつの反応例であるが，他の鉱物も似たような挙動をする．もともと岩石に含まれていた鉱物が別の鉱物に変わっていく過程を熱水による**変質作用**とよぶ．熱水による変質作用が促進すると，多くの元素がイオンとして熱水中に溶けていく．ナトリウムのような元素をはじめ，鉄，亜鉛，鉛，銅などの金属元素がその典型である．

海底下1～2 kmくらいの場所で熱水と岩石が激しく反応し合うゾーンがあり，ここで熱水側に多量の金属元素が濃集していく．このゾーンを**リアクション・ゾーン（反応帯）**とよぶ．リアクション・ゾーンはマグマだまり近くに発達する．この熱水は断層などを伝ってやがて海底面近くまで上昇する．そして金属元素を含んだ高温の熱水は，海底温泉として海底面に湧出する．冷たい海水の中に300～400℃の熱水が噴出すると，溶けていた成分が結晶として沈殿

5．生命の誕生：化学進化 • 131

南部マリアナ・ピカサイト
（YK03-09航海時に撮影）

300℃を超す
ブラックスモーカー

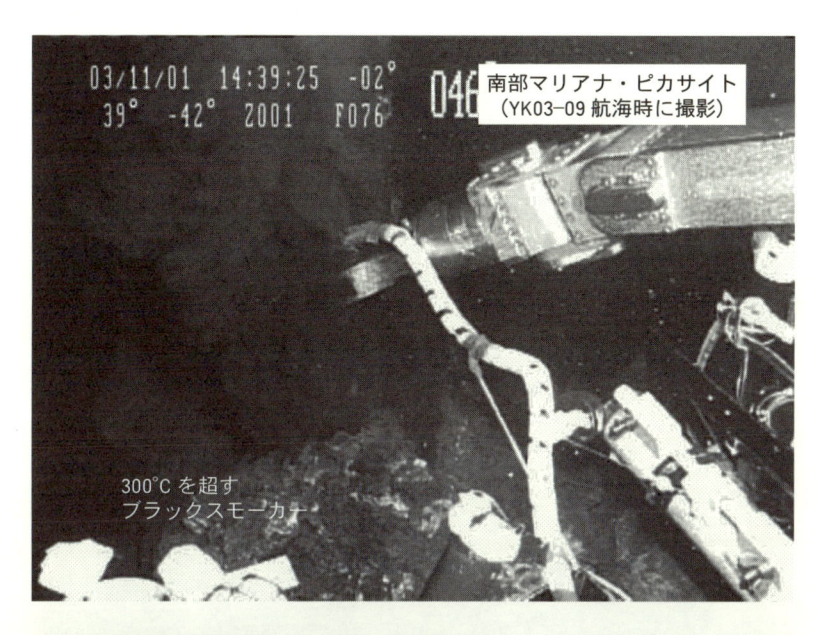

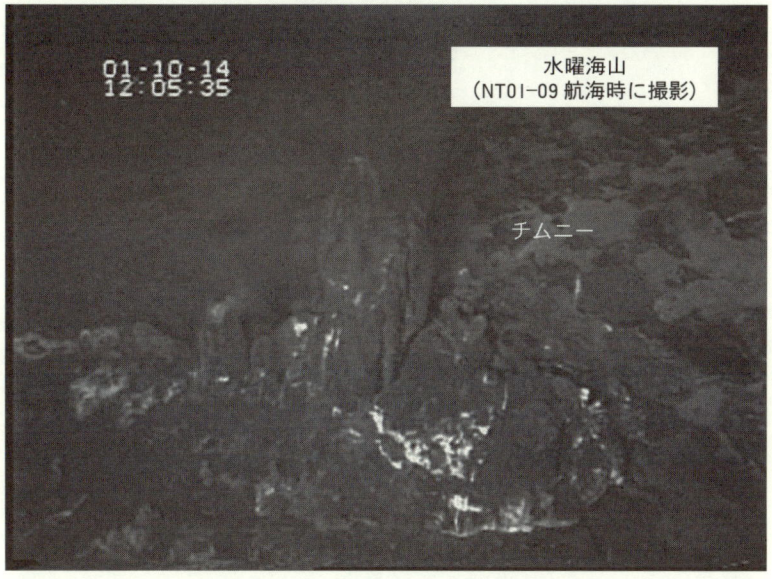

水曜海山
（NT01-09航海時に撮影）

チムニー

図57　ブラックスモーカーとチムニー
（提供：独立行政法人　海洋研究開発機構）

する．その顕著なものが金属成分と H_2S であり，両者の化合物が結晶化する．このときの結晶は微粒子状態であり，黒色を示す．しかも，高温のため浮力をもち，黒い煙が延々と海底面から立ち上るように見える．そのために，海底面に噴出した熱水を**ブラックスモーカー**とよぶ（図57）．ブラックスモーカーから析出した結晶はやがて，海底面に沈殿・堆積する．熱水の噴出する周辺に選択的に堆積するので，煙突状の構造物をつくる．このような構造物を**チムニー**とよぶ（図57）．チムニーはおもに金属と硫黄の化合物（**硫化鉱物**）で構成される（図58）．このなかには黄鉄鉱（FeS_2）も含まれる．チムニーを構成する黄鉄鉱以外の硫化鉱物には銅を含む黄銅鉱や亜鉛を含む閃亜鉛鉱などがある．これらの鉱物が沈殿する際には熱水の温度変化に敏感で，それぞれの条件にあ

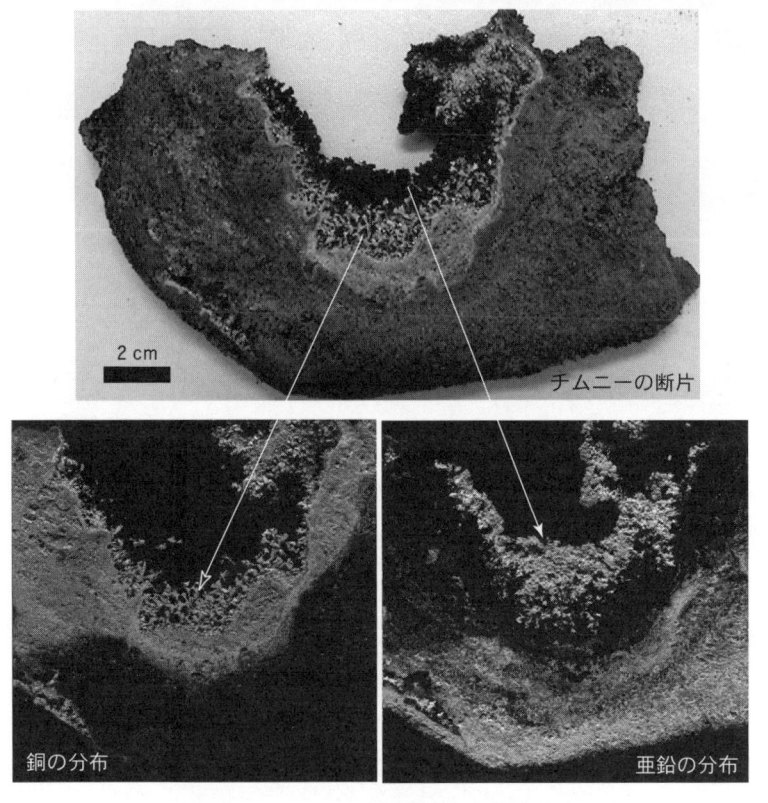

図58　チムニーの内部構造と元素分布

った鉱物が沈殿する．その結果，チムニー内部などに鉱物や元素の層構造をつくることがある（図58）．

海底面に噴出する熱水中には，CO_2 や CO が含まれる．これは，海底熱水活動域はヴェヒタースホイザー博士の考えた化学反応が起こるのに適した場所といえ，生命発生場として注目を集めている．この考えは，しばしば海底熱水生命起源説とも称される．地球上で最初の生体有機分子の形成が海底熱水の活動場所で起こり，そこから生命体が誕生したとする化学進化の考えである．この

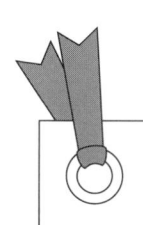

ブックマーク9：海底熱水の化石：黒鉱鉱床

海底熱水活動で噴出される金属元素は硫黄と結びつき，硫化鉱物として海底に沈殿する．そのなかには黄銅鉱（$CuFeS_2$），閃亜鉛鉱（ZnS），方鉛鉱（PbS）などがある．また海水の中にある硫酸イオンも熱水で温められ，石膏（$CaSO_4 \cdot H_2O$）・硬石膏（$CaSO_4$）として沈殿する．これらが海底熱水環境で形成されるおもな鉱物である．日本近海の明神・水曜海山で形成されている硫化物チムニーには金も多く含まれている．しかし，こうした硫化物チムニーは，長い年月海底にあると，海水に溶けてしまい，残らない．海底熱水活動が大規模に起こり，多量の硫化鉱物が海底に蓄積され，海水に溶ける前に溶岩や堆積物などに覆われ隔離されると，硫化鉱物濃集体（層）は長い年月保存される．こうして保存された硫化鉱物濃集体は**海底熱水鉱床**とよばれる．プレートの動きに伴い，海底熱水鉱床が陸上に現れる場合がある．日本の十和田湖周辺にも陸化した海底熱水鉱床が見られる．これら鉱床をつくる鉱物集合体（おもに方鉛鉱や閃亜鉛鉱）は外見が黒光りすることから**黒鉱**とよばれている．黒鉱鉱床は，およそ1500万年前後に日本海の底で起こった海底熱水活動によって形成されたと考えられている．日本海の拡大に伴い，深海にあった黒鉱は，他の地層と同様に地殻の中に保存され陸化した．かつては亜鉛や銅を生産し日本の産業を支えてきたが，外国から金属を輸入するほうが安価になったため，すべての黒鉱鉱床は閉山に追い込まれた．現在でもかつての鉱山跡が，秋田県尾去沢などで観光目的で一般に開放されている．

モデルでは，化学進化を促進させるエネルギー源を海底におけるマグマ活動に起因する化学反応に求めている．この説はエネルギー源を固体地球外に求めるオパーリン博士などの化学進化モデルとは異なり，地球内部にエネルギー源を求める点に特徴がある．

5.2 現存する生命に残された生命起源へのヒント

5.2.1 共通の祖先

最初の生命体がどのような"形"をしていたか，19〜20世紀初頭まで漠然と考えられていた．地球最古の生命体が微生物のような生命体であったと認識されたのは，20世紀初頭である．ある種の**微生物**が生命体の始まりとする考えの確立には，生物学的研究の進歩や地質学上の発見が大きな役目を果たした．古い時代の岩石には化石がしばしば見られる．貝や魚，植物などの化石は，石の中にくっきりと形を残し，肉眼でも容易に認識できる．しかし微生物の化石は顕微鏡の助けなしでは見つけることができない．微生物の化石が20億年前よりも古い時代の岩石に見い出されたこと（第6章で詳説）は，古い生命体が微生物のようなものであったことを決定づけた．

ここ数十年の間に，さまざまな分析技術の進歩，とくに分子レベルでの物質解析技術の進歩によって，われわれの微生物に対する知識も増大してきた．現在過酷な環境に生きている微生物たちのなかに，最初の生命体に関する情報が含まれていると考えられるようになった．そこで重要になるのが，(1) **独立栄養化学合成**という概念と，(2) **リボソーム RNA 塩基配列**による**コモンアンセスター**の概念である．

5.2.2 独立栄養化学合成

すべての生命体は，(a) **従属栄養生物**と (b) **独立栄養生物**とに分けられる．従属栄養生物は，他の生物がつくった有機物（または他の生物自身）を食べて栄養および炭素源を得る生物である．ヒトを含めた動物は，この従属栄養生物である．独立栄養生物とは，太陽の光や他の作用などでエネルギーを得る生物

である．光合成する微生物は太陽の光をエネルギー源として，$CO_2 + H_2O = CH_2O + O_2$ という反応を起こす．この反応式のなかで CH_2O が生物の体の化学組成を近似的に表したものである．太陽の光が届く世界では，光合成をする生物が繁茂している．こうして光合成する生物のつくった有機物（たとえば米や麦）が他の生物の食物となる．ここに食物連鎖が発生し，その頂点に光合成を行う生物がいることになる．こうした食物連鎖のスタートに位置する生物を，一般に一次生産者とよぶ．人間が米やパンを食べるのは，いわば間接的に太陽のエネルギーを食べているようなものである．

5.2.3 極限環境に生きる微生物：初期生命体へのヒント？

　独立栄養生物のなかには，太陽の光でなく化学反応をエネルギー源とする生物がいる．こうした生物を**独立栄養化学合成生物**とよぶ．化学反応からエネルギーを得る生物が注目されだしたのは，アメリカのイエローストーン国立公園などの温泉地域からであった（図59）．アメリカのイエローストーン国立公園は100℃近くで沸騰した温泉が地表に噴出している．そこでは温泉自身が湖をつくっている様子がうかがえる．湯気で見えない中心が青色～緑色，そこから黄色，オレンジ色，ふたたび緑色と湖の色が中心部から周辺部にかけて変化している様子がしばしば観察される（図59）．こうした色の変化が何を意味しているのか，長い間の謎であった．しかし近年，こうした色は基本的に微生物と鉱物によってつくられた色であることが判明した．湖の中心から周辺にかけて若干の温度変化が存在し，それが異なった微生物相を形成させたと考えられている．そこにもやはり高温で生きる独立栄養化学合成微生物が生きている．イエローストーン国立公園のみならず，日本の火山地帯に発達した温泉からも，こうした高温で生きる**独立栄養化学合成微生物**が報告されてきている．

　陸上の温泉以外にも，大陸などの地殻の中に微生物が生きている可能性が指摘されてきている．日本でも地下数百メートルから金属元素を採掘している鉱山がある．たとえば鹿児島の菱刈鉱山（金を採掘）や北海道の豊羽鉱山（亜鉛などを採掘）などである．鉱山の内部では熱水（温泉）が循環し，さまざまな化学反応が起こっている．この化学反応をエネルギー源として生息する微生物（独立栄養化学合成微生物）が鉱山の中に多数みられる．外国からも地下数百

136 ● II. 生命の誕生と進化

100℃近い温泉がつくる湖

温泉水でつくられた湖の中心

黄色

オレンジ色

緑色

図59 アメリカ・イエローストーン国立公園

〜数千メートルの地殻の中に微生物が生息していたとする報告がある．とくに南アフリカのウィットワオータースランド地区には世界有数の金の埋蔵量を誇る鉱山が複数ある．ここでは地下3000 mまでトンネルを掘って金を採掘している．そうしたトンネルの中から独立栄養化学合成細菌が報告されてきている．こうした地殻の内部に生息する微生物を一般に**地下生物**とよぶ．

地下は基本的に光の届かない世界であり，光合成生物を食物連鎖にした生態系は期待できない．すなわち，地下数百〜数千メートルにいる微生物は陸上の生態系と隔離した生態系を維持していることになる．たとえば，北海道豊羽鉱山では地下500 mレベルまでトンネルを掘っている．ここで100〜200℃近い熱水が亜鉛などの金属元素を今でも沈殿させている．この鉱山の坑道の途中には，しばしば熱水が湧出し，そこが微生物活動の温床になっていることがある（図60）．熱水の中に含まれる硫化水素を酸化するタイプの化学合成細菌やその酸化によってできる硫酸を還元する細菌など，その場にある化学成分を巧みに使って生きている．こうした地下生物の実態は，いまだ不明な点が多い．しかし多くの研究者が地表の微生物に匹敵する生物生産量が地下にはあることを

図60 北海道豊羽鉱山の地下坑道に発達した微生物マット

指摘しており，決して珍しい生物群ではなくなってきている．こうした地殻内部に発達した生物圏をしばしば**地下生物圏**とよぶ．

陸上環境よりも頻繁に独立栄養化学合成細菌がみられるのが海底熱水の活動が起こっている場所である．近年，ブラックスモーカーの活動がみられる海底熱水環境にも多くの微生物がいることがわかってきた．

太陽の光が届くのは海水の表面だけで，せいぜい200 mの深さまでである．この太陽光が届く層を**有光層**とよんでいる．ここで光合成を行う微生物によって1次生産がさかんに行われている．海洋表層で光合成生物を頂点にした従属栄養生物による食物連鎖が成り立つわけである．しかし，200 mよりも深い深海の海底は太陽光の届かない闇の世界である．すなわち，太陽光をエネルギー源とし光合成を行う生物は期待できない．それと同時に地球表層で普通に起こっている光合成生物を主体にする食物連鎖もあまり期待できない．

しかし，海底熱水活動が起こっている環境には，多くの魚，カニ，エビなど多くの動物が生息している様子が世界中から報告されてきている（図61）．こうした動物は従属栄養生物であり，他の生物がつくった有機物を食べるしか栄養を得る手段はない．それを支えているのが，熱水環境に生きている微生物であると考えられている．海底熱水環境に生息する微生物はたいがい，熱水周辺で起こる化学反応にエネルギー源を求めている．たとえば，$H_2S+0.5O_2=S+H_2O$という反応が海底熱水場でよく起こっている．地下から湧き出す熱水に含まれる硫化水素（H_2S）が海水の中にある酸素と反応し，酸化反応をひき起こすわけである．このときに，209 kJ mol^{-1}のエネルギーが放出される．このエネルギーを用いて生きている微生物が確かに海底熱水噴出場には存在する．こうした生物は，化学反応で生ずるエネルギーを用い，そのエネルギーを使って周辺にある二酸化炭素などを炭素源とし生息する．すなわち他の生物を食べることなく生きている独立栄養化学合成生物が，1次生産者となっている世界が広がっている．

ブラックスモーカーが噴出している周辺は，高温環境である．そこで生息する微生物は普通では考えられない高温環境の中で生きている．121℃の温泉の中でも微生物が生きられることが現在までにわかってきている．将来はこの記録が塗り替えられる可能性もある．微生物が生息できる温度幅に基づき，微生

5. 生命の誕生：化学進化 • 139

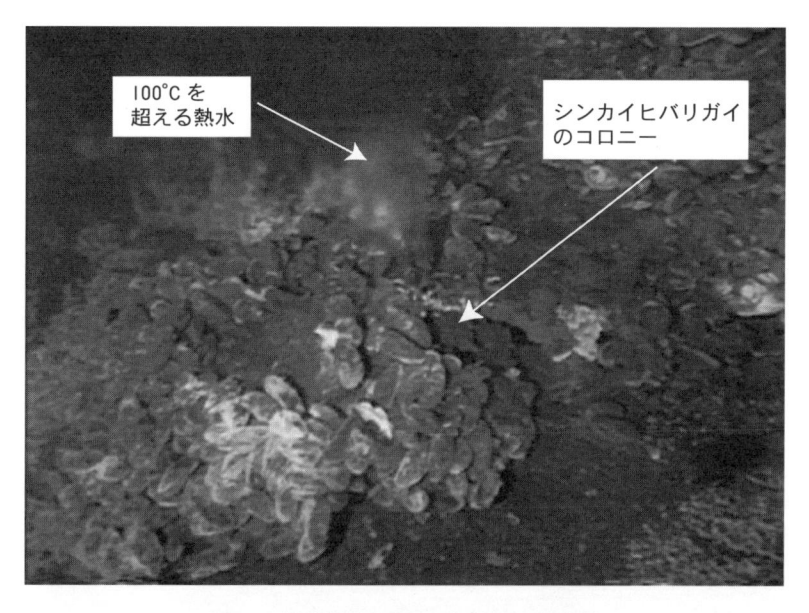

図61　海底熱水環境に生息する動物群

物分類が行われることがある．およそ80℃以上の状態で生きている微生物が**超好熱微生物**と分類される．ブラックスモーカー近傍に生息する微生物は，この超好熱微生物が多く，超好熱性の性格と独立栄養化学合成の両方の性格を備えていることになる．地球表層で生きているほとんどの微生物は，80℃以上の高温では生きていることができない．20℃前後が最適温度である．こうした20℃前後を最適生息温度とする微生物を恒温微生物とよぶ．その中間温度，60℃くらいを最適温度とする微生物を好熱微生物，さらに零度近い低温を最適温度とする微生物を恒冷微生物とよぶ（図62）．

　恒冷微生物や恒温微生物を80℃を超える温泉の中に入れると，死滅してしまう．もともと高温に耐えうる細胞膜の構造をしていないからである．しかし超好熱微生物が80℃を超えても生存できるのは，高温でも壊れない細胞膜（タンパク質）の構造をもっており，それが細胞を守っているからである．恒冷微生物と超好熱微生物を構成しているアミノ酸などは基本的には違わない．しかし，アミノ酸の組合せ方を少し変えるだけで，タンパク質の性質が変わる．このタンパク質の性質の違いによって，高温でも生き残れるか残れないか

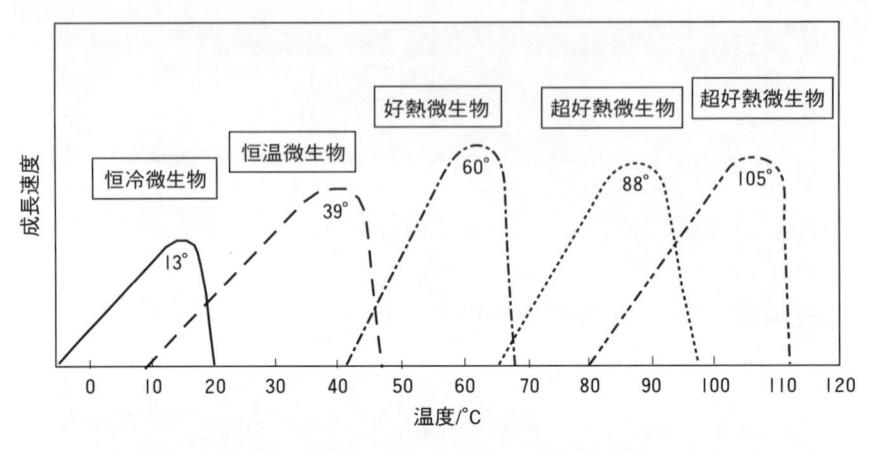

図 62　最適生息温度に応じた微生物分類

が決まってくる．

5.2.4　リボソーム RNA (rRNA) による分類

すべての生物にはリボソームとよばれる物質が含まれる（図 63）．数マイクロメートル程度の大きさしかないが，RNA とタンパク質が複合してリボソームを形成している．このリボソームは細胞内でタンパク質の製造を行う重要な役目を演じている．リボソームは大小のサブユニットで構成されている．リボソームの小さいほうのサブユニットだけを分離し，さらにそのうちのある長さ（重さ）をもった RNA のつながりだけを単離することが可能である．遠心分離器などを使い実際の分離が行われる．遠心分離器の遠心速度によって，重さ

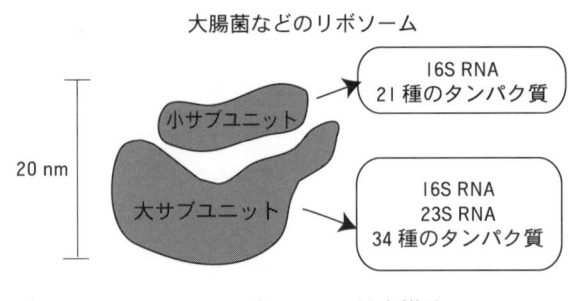

図 63　リボソームの基本構造

の異なるRNA鎖を分離する．そのときの一定の遠心力での沈降速度をS（スベドベリ）単位で表現する．16Sという沈降速度で他のものから分離されるRNA鎖を16S r（リボソーム）RNAとよぶ．個々の生物はそれぞれ特有の核酸塩基の組合せをもっている．16S rRNAの核酸塩基配列を全生物ごとに比較すると，全生物の分類が可能になる．

19世紀後半の進化論を背景に，生物の類似性からの生物分類"系統分類学"が成立した．5界分類法が古典的分類法である．地球上の全生物を動物，植物，菌類，プロティスタ（原生動物），モネラ（バクテリア）の5つの界に分ける分類法である．この分類よりも生化学者などは原核生物界と真核生物界の2界に分ける分類を好んでいる．単純に細胞内に核をもつ生物が真核生物，核をもたない生物が原核生物と分類されてきた．この分類法では人間は真核生物である．

それに対して，1970年代に，アメリカの分子生物学者ウーズ博士は，リボソームRNAの配列の仕方からの分類を試みた．その結果，原核生物，真核生物という分類に当てはまらない第3の生物がいることを見い出した．彼は，すべての生命体は3つのグループに分類されるという提案を行った．**バクテリア（真正細菌）**，**アーキア（古細菌）**，**ユーカリア（真核生物）**の3つの分類である（図64）．リボソームに含まれているRNAを用いた生物分類法，そこから新たに生まれた"第3の生命体"がウーズ博士によって提唱されたときは，多くの批判を受けてきた．今まで長い年月をかけて築かれた古典的生物分類法のの否定とも取りかねないからである．しかし，現在では多くの研究者がウーズ博士の考えを受け入れてきている．

全生命体を16S rRNAをもとに分類して並べていくと，その核酸塩基配列の仕方に規則性があり，より進化した生物，あまり進化していな生物と順番を付けて並べていくことが可能になる．ちょうど祖先をさかのぼって図に表す家系図のようなものを描くことができる．リボソームRNA（16S）をもとにして描かれた全生命体の家系図を**分子系統樹**とよぶ（図64）．系統樹の枝がより分かれている領域はより進化した生物，幹が太くなる領域は，始原的生物と解釈されている．真正細菌，古細菌，真核生物が分子系統樹で1点に収束する場所が存在している．この1点に属する生命体を**コモンアンセスター**またはコモ

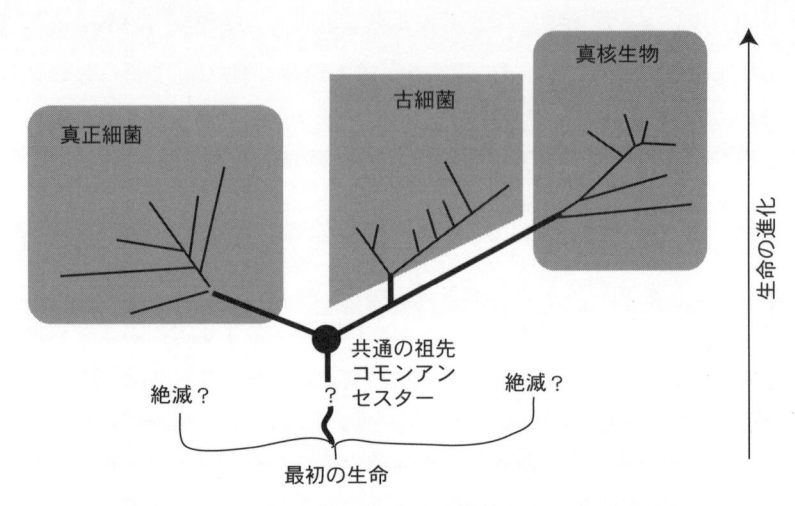

図64　リボソーム RNA による生物の分類と分子系統樹

ノートとよぶ．いわば全生命体の**共通の祖先**である．このコモノート研究には東京工業大学名誉教授の大島泰郎博士などが先駆的な役割を果たしてきた．現在の地球環境で，コモンアンセスターに属する生命体は見つかっていない．しかし，分子系統樹の中でコモンアンセスターに近い生命体は見つかっている．コモンアンセスターに近い生命体はやはり独立栄養化学合成微生物がほとんどである．なおかつ超好熱性微生物である場合が多い．地球上で，この両方の条件を満たす生物が現れるのが，まさに深海の海底熱水場である．"共通の祖先"＝生命の起源ではないが，限りなく起源に近い生命体であろう．その"共通の祖先"が太古の海底熱水環境に生きていたとすると，やはり生命の誕生も海底熱水噴出孔近くと考えたくなる．こうした分子生物学上のアプローチも，最初の生命が海底熱水系で発生したことを支持している．

5.2.5　酵素：酵素のもとは鉱物？

酵素は生命活動を支えるための種々の化学反応を促進する触媒である．実験室で用いる化学触媒と異なり，生体がつくる酵素には特殊で高度な機能が備わっている．リボザイムなどの酵素機能をもつ RNA 以外の酵素はタンパク質で形成されている場合が多い．このタンパク質が結晶としての構造をもち，酵素

として機能する．酵素の発見，分離，結晶化，構造決定に至る過程で実に多くのノーベル賞を生んできており，問題の重要性がうかがえる．タンパク質で構成される酵素の多くは金属元素を含んでいる．その金属元素には硫黄と結びつき硫化鉱物の構造を有するものがある．たとえばニトロゲナーゼとよばれる酵素は，鉄-硫黄-モリブデン硫化物からなる構造を酵素内にもっている（図65）．いわばタンパク質と硫化物の複合体である．この硫化物が含まれていない状態では酵素は触媒としての機能を発揮できない．

なぜほとんどすべての生命体が硫化物を体の中の酵素に蓄えるようになったか，理由はわからない．硫化鉱物は海底熱水環境では普通にある鉱物である．硫化物の多くはタンパク質と結びつかなくても触媒としての機能をもっている．初期生命体が海底熱水環境で進化していったとすると，こうした硫化物がもつ触媒能力を用いて生息していたとしても不思議ではない．鉱物から触媒能力を学び，やがて独立してそれを保有するようになったとするアイディアが提案されてきている．逆にそれが可能だった環境が太古の海底熱水活動域であったことになる．

オパーリン博士の提唱する化学進化から誕生する生命体とヴェヒタースホイザー博士が提唱する道筋でできる生命体では，代謝系が大きく異なる．有機物スープを経由して生命体ができる場合は，すでに食べ物が用意されている海に生命体が誕生することになる．すなわち，そうした有機物を食べる"従属栄養型"の生命体が最初ということになる．しかし海底熱水系で生命体が誕生する

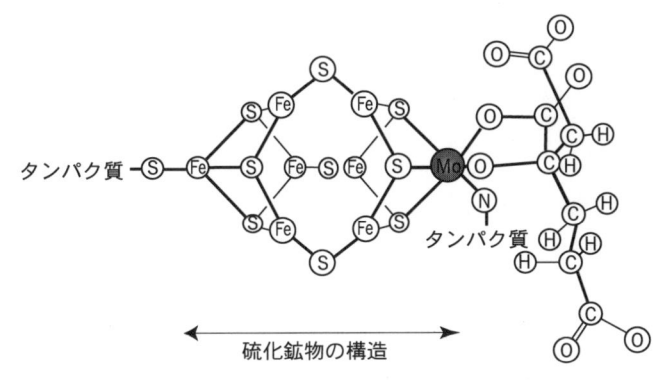

図65　酵素ニトロゲナーゼ内の硫化物クラスター

場合は，化学反応からエネルギーを得る．このエネルギーを用いて炭素固定を行い，酵素機能も一部は鉱物にゆだねれば，有機物は食べずにすむ．最初の生命体が独立栄養化学合成生物であったか従属栄養生物であったかは，大きく意見が分かれる．

5.2.6　タンパク質の中のアミノ酸の種類とキラリティー

化学進化が行われるなかで，アミノ酸に関して大きな選択がなされた．太陽系にはアミノ酸は多数存在する．しかし，生命体のタンパク質に使われるアミノ酸は20種類のアミノ酸に限定されている（表11）．なぜ20種類に限定されているのか，その理由はいまだにわかっていないが，化学進化の過程で20種のアミノ酸に限って使われたメカニズムがはたらいた可能性がある．

また同一のアミノ酸であっても，アミノ酸には**光学異性体**が存在する（図46）．これには右型アミノ酸・左型アミノ酸もしくは，D体・L体ともよばれている．人工的にアミノ酸をつくると，D体・L体が同じ比率でできる．しかし，地球上のすべての生命体はL体のアミノ酸のみで構成され，なおかつL体アミノ酸しか用いない．D体とL体にアミノ酸が分別される性質は**キラリティー**（chirality）とよばれている．生命体が有するL型アミノ酸は，生物死滅後，熱などにさらされるとL型・D型が同じ比率をもつように変化する．こうした作用をラセミ化とよぶ．ラセミ化は簡単に進んでしまうので，地層中に保存状態がよい化石があり，アミノ酸が保存されていたとしてもキラリティーは失われている．

表11　生物に用いられる20種類のアミノ酸

1	L-アラニン(Ala, A)	11	L-ロイシン(Leu, L)
2	L-アルギニン(Arg, R)	12	L-リシン(Lys, K)
3	L-アスパラギン(Asn, N)	13	L-メチオニン(Met, M)
4	L-アスパラギン酸(Asp, D)	14	L-フェニルアラニン(Phe, F)
5	L-システイン(Cys, C)	15	L-プロリン(Pro, P)
6	L-グルタミン酸(Glu, E)	16	L-セリン(Ser, S)
7	L-グルタミン(Gln, Q)	17	L-トレオニン(Thr, T)
8	L-グリシン(Gly, G)	18	L-トリプトファン(Trp, W)
9	L-ヒスチジン(His, H)	19	L-チロシン(Tyr, Y)
10	L-イソロイシン(Ile, I)	20	L-バリン(Val, V)

こうした生命体のつくる有機分子にキラリティーが存在することに初めて気がついたのはフランスの生物学者パスツールである．"白鳥の首"の形をしたフラスコを用いて微生物が環境から勝手に湧き出すとする自然発生説を否定したことで有名である．また狂犬病ワクチンなどさまざまなワクチンを発明し，免疫学の先駆的研究を行った．このパスツール博士の広大な研究テーマのなかに，赤ワインの原液のなかで形成される酒石酸の結晶学的特性（光学異性体）研究がある．ワインはブドウをつぶしたブドウジュースを発酵させてつくられる．ブドウジュースは大きな樽の中で熟成される．この樽の底や，ワインを取り出す蛇口や檜の底に無色透明な結晶が析出することが知られていた．この結晶がどのようなものであるのか，パスツール博士の時代には十分な知識は存在しなかった．パスツール博士は，同じ大学の鉱物学者の研究からヒントを得て，この結晶の顕微鏡による観察を試みた．そうしたなか，結晶が酒石酸であることを見い出した．酒石酸の結晶は，きれいな結晶面をもつ．人工的につくられる酒石酸結晶には右型の結晶と左型の光学異性体が存在する．右型，左型結晶は，たがいを鏡で映したときの姿に見える．しかしワインのつくる酒石酸は左型しか存在しない．パスツールはまさに，酒石酸結晶にキラリティーの性格があることを見い出したのである．この研究がきっかけになり，生体有機分子にも光学異性体が存在することが知られるようになった．後世の研究者により，生命と左型アミノ酸との関係が見い出されるに至った．

5.2.7　L型アミノ酸は宇宙から？

　第I部で，宇宙からもたらされる隕石の中にアミノ酸が存在することを述べた．多くの隕石の中にアミノ酸が含まれていることはすでに周知の事実となった．オーストラリアにマーチソンとよばれる小さな町がある．1969年の9月28日に，この町に延べ100 kgという比較的多量の隕石群が落ちた．落下が確認され，その後，地球上の生物による汚染が極力少ない形で試料の回収が可能になった．回収するときにこの隕石は青臭い臭いがしたという．有機系分子が発する臭いであることは容易に想像できた．この隕石は通称，**マーチソン隕石**とよばれている．有機化学者であるアメリカのアリゾナ州立大学のクローニン博士とピッツァレロ博士は，落下直後の隕石（マーチソン隕石）を丹念に分析

した．その結果，地球上の生物が隕石に付着した可能性を完全に否定し，宇宙から無機的につくられたアミノ酸がマーチソン隕石に乗って地球にもたらされたと確信させる証拠を示した．このマーチソン隕石中のアミノ酸のなかには生物に用いられないアミノ酸も含まれていた．クローニン博士はそのアミノ酸はL型がD型に比べて多く含まれていることを発見した．この発見は宇宙空間でL型に卓越したアミノ酸が形成されうることを示した．

　隕石からもたらされたアミノ酸は，隕石衝突時に，その熱で燃えてしまうことが予想されるが，なかには海洋に溶けて，生き残るものも存在する．マーチソン隕石のようなL型アミノ酸に富んだ隕石が次から次に地球に降り注いだ場合，L型の比率が高いアミノ酸が初期地球の海洋に蓄えられることになる．L型アミノ酸が最初から地球表層環境に多かったとすると，おのずと生命体はL型アミノ酸だけを用いることになる．これはL型に富んだアミノ酸がすでに宇宙に存在し，地球上でわざわざL型・D型の分別およびL型卓越性をつくる必要はないとする考えである．マーチソン隕石を根拠にして，宇宙からアミノ酸がもたらされ，それが地球生命のスタートとなったと考える研究者は多い．

　しかし，宇宙からアミノ酸をもたらす考えは，多くの問題を抱えている．マーチソン隕石はいわば例外的な隕石で，たいがいの隕石はD型，L型を同じ比率で含んでいる．少なくともマーチソン隕石に含まれる生体アミノ酸（現存する生物に使われているアミノ酸：表11）は，D型，L型が同じ比率になっている．マーチソン隕石でも現在の生物がもっているL体が卓越した状況は説明できない．例外的にマーチソン隕石に似た隕石が集中的に地球に降り注ぐことが要求され，その"例外的"イベントを疑う研究者も多い．地球上でアミノ酸をつくり，地球の力で"化学進化"を推進させようとする考えも根強く存在し，宇宙由来説と激論を交わしている．

5.2.8　天然の結晶を用いた右型・左型アミノ酸の分離

　ミラー博士の実験やヴェヒタースホイザー博士の考えは，初期地球表層で無機的にアミノ酸や生物有機分子が簡単に形成されうることを示した．しかし，キラリティーの問題に対しては，何も説明していない．実際にミラー博士の実験で合成されるアミノ酸は右型，左型両方が同じ比率で含まれている．雷を放

電しても，黄鉄鉱表面で有機酸をつくっても，左型アミノ酸の優位性は生じないであろう．

地球表面で右型・左型アミノ酸の分離ということを行えるかが，次の疑問としてあがる．地球表層にふんだんに存在する鉱物にも光学異性体が存在する．たとえば石英（SiO_2）とよばれる結晶にも右型，左型の結晶が存在する（図66）．光学異性体をつくるのは自然の摂理といえる．石英の結晶面は，ある軸（結晶軸）を中心に規則正しく配列している．この結晶軸から水平もしくは鉛直方向に右型および左型結晶を見比べると，対称性がみられる．この石英は，表面にわずかではあるが生体有機分子などを吸着させる能力を有する．右型結晶には右型のアミノ酸が，左型結晶には左型アミノ酸が吸着しやすい．この石英を用いてアミノ酸の右型，左型を分別することが可能ではと提唱されてきている．左型石英に吸着された左型アミノ酸が，その結晶表面で重合し，大きな分子を形成していくと，左型アミノ酸だけからなるタンパク質をつくることは可能になる．

同じ結晶のなかでも右向きと左向きの結晶面があり，右向き・左向きの結晶面どうしで別々の吸着能力を有する場合が存在する．方解石（$CaCO_3$）とよばれる結晶には右向きの結晶面と左向きの結晶面が存在している．こうした結晶は，わずかではあるがアミノ酸を結晶の表面に吸着させることができる．右向きの結晶面には右型結晶が吸着されやすいなどの特性を有する．ここでも鉱物の表面を用いて，右型，左型アミノ酸の分離，すなわちキラリティーの発生が可能になる．鉱物の表面の力を借りてキラリティーを発生させ，それがタンパ

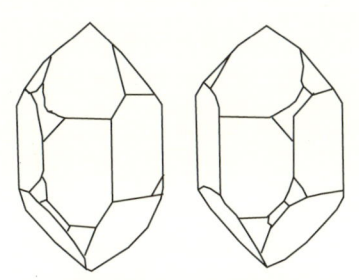

左水晶（左）と右水晶（右）

図66　右型・左型石英

ク質へ発達し，化学進化が進行していったとするのは地球科学者にとって魅力的な考えではあるが，まだ実験などによる明確な答えを得ていない．

第6章

主役たちが共存しあう：
生命と地球の共進化

6.1 岩石に刻まれた初期生命体の活動

6.1.1 岩石に残された最初の生命体の痕跡

　地球46億年の歴史のなかで，いつ最初の生命が誕生したか定かではない．隕石による重爆撃がおさまりつつあった40億年前ころと，漠然と考えられてきている．世界最古の生命の痕跡は，やはりグリーンランドのイスア地域にみられる．このグリーンランド・イスア地域には38億年前の海洋底に堆積したタービダイト性堆積物が残っている場所があることを前述した(4.4節参照)．このタービダイト性堆積物は，岩石化し変成作用を受けているが，海洋底に堆積したときの組織を非常によく保存している．
　海に生息する微生物の死骸は，海水の中で分解される．分解されたものは，炭素，窒素，酸素，水素の化合物として海底の泥の中に蓄えられる．この海底の泥に蓄えられた有機分子も分解が進行する．泥が固化し岩石になる過程で，圧力や熱が加わり，有機分子はグラファイト（C，石墨）に近い組成になる．グリーンランドのイスアにみられる38億年前のタービダイト性堆積物にもグラファイトが含まれている．すなわち微生物 → 分解 → 有機炭素化 → グラファイトという道筋をたどり，堆積岩中に蓄えられるわけである．このグラファイトが，もともと微生物からもたらされたものかを判定するのには化学的手法

が用いられる．

炭素には ^{12}C，^{13}C そして ^{14}C の同位体が存在する．このうち ^{12}C と ^{13}C はウランや鉛の放射性同位体と異なり，放射壊変を起こさないため，そのまま永久に存在する．こうした同位体を**安定同位体**とよぶ．生物に含まれる炭素は ^{12}C が ^{13}C に比べ多くなる傾向がある．生物が炭素を取り込むときに，よりエネルギーが少ない状態で取り込める ^{12}C を選択的に取り込み，^{13}C を周辺環境に取り残してしまう．その結果，生物の炭素は大気中二酸化炭素の炭素に比べ，2％（20パーミル）ほど ^{12}C が多くなる．

グリーンランド・イスア地域のタービダイト中グラファイトのもつ炭素の同位体組成は，やはり ^{12}C が多く含まれている．こうした事実をコペンハーゲン大学のローシング博士が見い出した．ローシング博士は，タービダイト性堆積物からグラファイトを抽出し，安定同位体組成を分析した．その結果，イスア地域のグラファイトに，現在の生命体が有する炭素同位体組成と同じ特徴があることを報告した．こうして，イスア地域にみられるグラファイトが世界最古の生命の痕跡と考えられるようになった．すなわち，38億年前の海洋環境にはすでに生命体が存在したことになり，生命の誕生はそれ以前ということになる．しかし，38億年よりも前に生きていた生命体が，どのような生命体であったかは，いまだ憶測の域を出ていない．

6.1.2　世界最古の微化石を巡る論争：オーストラリア・ピルバラ地域

グリーンランド・イスア地域には微生物の死骸が化石化した**微化石**を含む地層は存在しない．それでは，もっとも古い化石はどの時代のどの地層に見られるのであろう？　グリーンランドの次に古い時代の地層が見られるのは，オーストラリアの**ピルバラ地域**である（図67）．この地域には35〜24億年前の地層が分布している．グリーンランドの場合と同様に，海洋底に噴出した溶岩が地層の主体である．それと同時に，海洋底で形成された堆積岩も存在する．グリーンランドの地層と異なり，オーストラリアの岩石は変成作用の程度が低いと考えられている．すなわち，35〜24億年前の地球の表層環境に関する情報が保存されている可能性が高い地域である．

ピルバラ地域に，あまり大きな町はない．内陸は道路沿いに数百〜数千人程

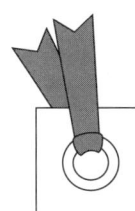

ブックマーク10：安定同位体

　地球科学で頻繁に扱われるのは炭素，酸素，硫黄などの安定同位体である．$^{13}C/^{12}C$，$^{18}O/^{16}O$，$^{17}O/^{16}O$，$^{34}S/^{32}S$ など同位体比を議論の対象とする．野外から岩石や生物試料を採集し，分析対照となる物質を単離する．それを燃焼するなどして，まずガス化する．ガス化した試料を**質量分析計**とよばれる機械に導入する．ここで，ガス試料に高い電圧がかけられる．それによってガス試料がイオン化し，それぞれの分子が電荷を帯びることになる．電荷を帯びたイオンは磁石の力を借りて，一定方向に流れをつくることができる．するとイオンが一斉に同じ方向に飛び出す．その先には，陸上競技のトラックのような形をしたチューブ（フライトチューブ）が用意されている．そこで重い同位体を含むイオンはチューブの外側を，軽い同位体を含むイオンはチューブの内側を飛ぶことになる．ここで質量の重いイオンと，軽いイオンに分離される．分離されたイオンの数を電気信号としてとらえ，イオンの存在比率として数値化する．この数値から，試料がどういった同位体組成をしていたか知ることができる．ここで得られたデータは，すでに値のわかっている物質（標準試料）の同位体組成と比べて規格化される．標準物質と同じ組成をしたものがゼロ値として定義される．標準物質で規格化された値は，デルタ（δ）とよばれる記号を用いて表現する．これを 100 分率または 1000 分率で表現する．100 分率でデータを表現するときは ％（パーセント）が単位に，1000 分率の時は ‰（パーミル）が単位となる．この分野では世界的に ‰ 表示が用いられている．

　たとえば炭素安定同位体は，アメリカ・サウスカロライナ州にあるピーディー層中のベレムナイト（PDB）とよばれる化石が標準試料になっている．この PDB の $^{13}C/^{12}C$ を用いて，以下の計算式で同位体組成が決められる．

$$\delta^{13}C = \left(\frac{(^{13}C/^{12}C)_{試料}}{(^{13}C/^{12}C)_{PDB}} - 1\right) \times 10^3 (‰)$$

　大気の中の CO_2 の $^{13}C/^{12}C$ 比は，PDB に比べて ^{13}C が 7‰ 少ない．これは $\delta^{13}C$ 値にして −7‰ という値で表現される．

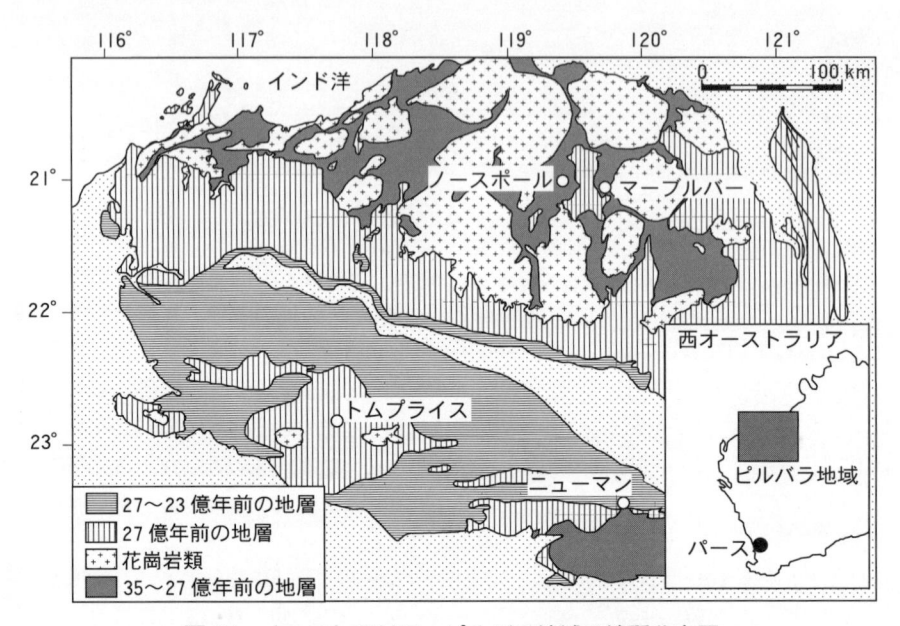

図67 オーストラリア・ピルバラ地域の地質分布図

凡例：
- 27〜23億年前の地層
- 27億年前の地層
- 花崗岩類
- 35〜27億年前の地層

度の集落が点々と存在する程度である．アボリジニ系の原住民が多く住んでいる．大地全体がスピネフェックスとよばれる針葉の植物に覆われている．スピネフェックスは10〜30cmにもなる尖った葉っぱが放射状に広がっている植物である．冬に相当する時期（日本の夏）は雨がほとんど降らず，乾燥している．夏には気温が50℃近くまで上昇し，大雨が降り，いままで水が流れていなかった所でも突如，川が出現する．

　こうした過酷な環境のなかで，1年中，水を蓄えたオアシスのような場所がところどころ存在する．そのうちのひとつにマーブルバーとよばれる町がある．人口数百人の小さな町で，この町から数十キロ西にノースポールとよばれる地域がある．あまりに熱い場所なので地元の人々が冗談でノースポール（北極）と名づけたらしい．マーブルバーからノースポール周辺にはチャートとよばれる35億年前の海洋堆積物が広く分布する．これは35億年前の海洋に溶けていた化学成分（とくにシリカ）が沈殿して形成された堆積岩と考えられている．このチャートの層が茶褐色と白色のバンドを繰り返し，ちょうどマーブル

（縞模様の入った大理石）のように見えるため，マーブルバーの地名が付けられた．この地域で見られるチャートのなかには黒色に見えるチャートも存在する．この黒色チャート中に炭素質な物質（グラファイトなど）が多く存在し，見かけ上，黒く見させている．

カリフォルニア大学のショッフ博士は，これらの岩石を丹念に顕微鏡で観察した．その結果，ショッフ博士は，特異な形態をもつグラファイトを岩石中から見い出した．詳細な観察の結果，いくつも細胞が連なっているような組織を見い出した．これが現世でも生きている微生物に形やサイズが似ていることから，最古の微化石であると提唱した．多くの研究者は，この発見を受け入れて，"最古の微生物化石"として認知してきた．

ショッフ博士が世界最古の微化石であると判断した大きな根拠が，「現在生きている微生物に似ている」という曖昧なところにある．また，ショッフ博士は，似ている微生物として**シアノバクテリア**を挙げた．比較的浅い海で光合成を行っていた微生物がチャートとよばれる岩石に取り込まれ，残ったと考えた（図68中のAの環境）．

シアノバクテリアは，以下の化学反応を起こし，大気の二酸化炭素を酸素に変える．

$$CO_2 + H_2O = CH_2O + O_2$$

この反応はいわゆる光合成反応であり，シアノバクテリアも独立栄養微生物に分類される．反応式の中のCH_2Oはシアノバクテリア自身の体の化学組成を近似表現したものであり，大気の二酸化炭素が有機物に変わることを意味する．しかし，ショッフ博士のこれら一連の"推察"に疑問をもつ研究者も多く，ショッフ博士が観察した炭素質の物質が，本当に当時の微生物の化石か，いまもって激しい議論が戦わされている．とくにオックスフォード大学のブレーザー博士は，(1) "微化石"を含む地層の堆積環境，および (2) 無機的プロセスでグラファイトが形成される可能性の2点に関し，ショッフ博士の発見に異論を唱えている．

ブレーザー博士と共同で調査を進めてきたオーストラリアの研究者などは，"微化石"が見つかった地層を丹念に調査した．その結果"微化石"が含まれる岩石は光の届かない深い海で形成された岩石であること，なおかつ海底面で

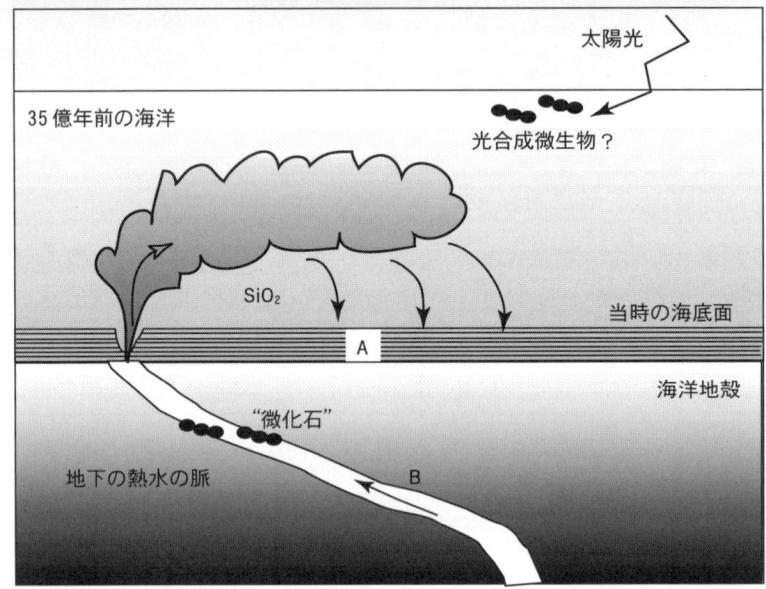

図 68　マーブルバーでの"微生物"化石の入った地層の地質構造
上図の A と B に異なったチャートが出現し，微化石は B からも見い出された．下図は A と B の形成環境を示している．

はなく海洋地殻内部で形成された岩石であることを示した（図68中のBの環境）．ちょうど図55で示した海底で海水がしみ込み，熱水が地下の中を上がってくるゾーンである．その熱水の通り道に相当する場所に，"微生物"状のグラファイトが見つかった．この海底で熱水が循環している地域はさまざまな化学反応が起こる．海底で岩石と熱水が反応し合う場所に，一酸化炭素と触媒となる鉱物が含まれている場合，無機的にフィッシャー・トロプシュ型反応でグラファイトができることが知られている（12頁のコラム「フィッシャー-トロプシュ型反応」参照）．ブレーザー博士のグループは"微化石"がそうした化学反応の産物である可能性を指摘した．

ブレーザー博士のグループは，"微化石"状物質が生命の痕跡であることに懐疑的であるが，本当の化石である可能性を完全には否定していない．仮にそれが生物の死骸であった場合は海洋地殻内部で生きていた生物の死骸である可能性がある．いわば地下生物である．少なくとも浅い海で光合成するタイプのシアノバクテリアではないことを示している．最古の微生物化石を巡る論争はいまだに継続しているが，マーブルバー地域以外の地層からも"微化石"が見つかってきている．とくに東京工業大学の丸山茂徳博士の研究グループが精力的にこの地域の岩石を研究し，微化石を発見してきている．微生物による生命活動が35億年前の海洋環境で行われたのは間違いないであろう．

6.1.3 最古のストロマトライト

　オーストラリア・ピルバラ地域のノースポール地域周辺には，もうひとつ当時の微生物活動の痕跡を示す物質が存在する．35〜34億年前の地層に残されたストロマトライトである．

　温暖で波の影響をあまり受けない現在の浅い海にはストロマトライトとよばれる岩石がしばしば見られる（図69）．現在のオーストラリア・ハマリンプール，バハマやペルシャ湾などで，今まさにつくられつつあるストロマトライトを見ることができる．ここでは海水の蒸発が激しく塩分が，普通の海水より濃くなり，そうした海水の中にストロマトライトがみられる．現世のストロマトライトは，数〜数十センチメートルの高さに発達したドーム状の形態をし，内部は同心円状の構造をしている．現世のストロマトライトの表面はシアノバク

156 ● Ⅱ. 生命の誕生と進化

現在のストロマトライト
（オーストラリア・ハマリンプール）

35億年前の
ストロマトライト
2 cm

27億年前のストロマトライト

図69 現世のストロマトライトと太古代のストロマトライト化石

テリアで覆われている．そのことからストロマトライトは一般にシアノバクテリアの活動の結果，形成されると考えられている．シアノバクテリアノの活動に伴って鉱物（$CaCO_3$）が沈積し，いくつもの細かな層を形成していく．この細かな層が数十センチメートルも蓄積し，最終的にドーム状の構造物をつくったと考えられている．いってみれば微生物のコロニー・集合体が発展してストロマトライトになったと考えられる．

　現在のストロマトライトとまったく同じ構造をもった岩石が，35億年前の地層が分布するノースポール地域周辺にもみられる（図67）．このことはすな

わち，ストロマトライトをつくるような微生物活動が35億年前から行われていたことになる．残念ながら，この35億年前のストロマトライトからは微化石状の物質は見つかっていないが，微生物活動に関連してストロマトライトを形成されたのは確かであろう．

6.1.4　バイオミネラライゼーションの開始

　現在の海水には陰イオンがふんだんに含まれている．**硫酸イオン**（SO_4^{2-}）は，そのひとつの例であり，1 L あたり 28 mmol ほど海水に含まれている．海洋環境にはこうした陰イオンを用いて生息する微生物がたくさんいる．とくに海底の泥の中には，硫酸を還元して生きている微生物がいる．硫酸還元菌とよばれる微生物である．多くの硫酸還元菌は他の生物の死骸（有機物）を酸化してエネルギーを得ている．有機物を酸化するには海水に溶けている硫酸イオンを用い，その結果，硫酸イオンが還元され硫化水素（H_2S）が生じる．

$$SO_4^{2-} + 2\,CH_2O = H_2S + 2\,HCO_3^-$$

このときに SO_4^{2-} 中の S は +6 価，H_2S の S は −2 価という電荷をもつ．SO_4^{2-} が 8 つの電子を受け取り，電荷を減らし，その電子は CH_2O から与えられたことになる．このように，微生物が起こす化学反応式のなかで電子を受け取る物質を**電子受容体**，電子を与える物質を**電子供与体**とよぶ．電子のやり取りのなかでエネルギーが生じ，このエネルギーを微生物が用いることになる．

　この微生物によってつくられた H_2S は，泥の中の鉄と反応し，最終的に FeS_2（黄鉄鉱）を生成する．微生物活動が行われている海洋堆積物の中には，しばしばこの黄鉄鉱がみられる．これら黄鉄鉱はいわば硫酸還元菌がつくったといっても過言ではない．とくに海洋環境で微生物が関与してできた黄鉄鉱は，数百ナノメートル～数マイクロメートルサイズの微細な結晶がブドウの房のように寄り集まって産出する．これはフランボイダル黄鉄鉱とよばれている．一般的に海洋堆積物中のフランボイダル黄鉄鉱のように，微生物が関与して鉱物が形成される作用を，**バイオミネラライゼーション**とよぶ．

　泥が岩石化する過程で，この黄鉄鉱は堆積岩の中に残される．硫黄にも安定同位体が存在し，$^{34}S/^{32}S$ の同位体比がしばしば議論に用いられる．微生物が黄鉄鉱をつくるときに硫酸と黄鉄鉱の間に大きな安定同位体組成の違いが生じ

る．微生物がつくる黄鉄鉱側に ^{32}S が選択的に濃集していく．逆に古い地層に残された黄鉄鉱が微生物によってつくられたかどうか判定するのに硫黄同位体組成が用いられる．

ペンシルヴァニア州立大学の大本 洋博士と本書の著者の一人，掛川 武によって，南アフリカの 34 億年前の地層から硫酸還元菌がつくった黄鉄鉱が発見された．その後，先に説明した 35 億年前のオーストラリアのストロマトライトを含む地層からも微生物起源黄鉄鉱が見つかっている．この 35 億年前の黄鉄鉱が，世界最古のバイオミネラライゼーションの証拠とされている．

6.2　海洋・大気の酸化：生物の多様性へ

6.2.1　生物による海洋・大気の酸化の開始：地球らしい大気に

太陽系の他の惑星に比べ，現在の地球の大気は**酸素**（O_2）をふんだんに含んでいる．大気中の酸素は海洋にも溶在し，海洋表層だけでなく深海に生息する動物の呼吸を助けている．酸素と水の存在が現在の地球を特徴づけている．どのようなプロセスを経て，地球大気は酸素を含むようになったのであろうか？　それはいつどの時代に起こったのであろうか？　この問題は，いまもって激しく論争されている．地球の大気に酸素を増加させたのはシアノバクテリアであり，地球大気が酸化的になったのは，このシアノバクテリアの大量発生と深く結びついている．大気に酸素がたまり，現在と同じ酸化的大気・海洋をもった地球をつくるためには，いくつかのステップを踏む必要がある．(1) シアノバクテリアの発生，(2) 表層海洋の酸化，(3) 大気への酸素放出，(4) 深層海洋の酸化である．

初期地球大気は二酸化炭素（CO_2）や窒素（N_2）が主体であったと考えられている（図 44）．シアノバクテリアによる光合成反応によって初期地球大気中 CO_2 の C が生物相にとられ，残された O_2 が大気に残される形になる．すなわち二酸化炭素分圧の減少と酸素濃度の増加は互いに関連している．図 44 で示した二酸化炭素濃度が地球の歴史とともに減少する様子は，おおまかに生物に変換された炭素量の増加と酸素濃度変化に対応している．

シアノバクテリアは長い間，25億年前ころに発生したと考えられていた．最近の研究により，27億年前ころにも活動していた証拠が見つかった．先のショッフ博士を含め，27億年よりはるか前に活動していたと考える研究者も多い．シアノバクテリアは発生以来，延々と酸素を作り続けた．シアノバクテリアの活動が活発になればなるほど，遊離酸素のなかった地球表層に，酸素がどんどんたまっていくことになる．酸素が蓄積する前の地球は，還元的な世界（無酸素な世界）が広がっていたと考えられる．とくに，初期地球の海洋には火山などから放出された還元物質（電荷の低い金属元素イオンや硫化水素ガス）がたまっていたと考えられている．海洋環境を住処としたシアノバクテリアのつくった酸素によって，まず海洋表層にある還元物質の酸化が始まった（図70）．

還元的海洋には鉄がFe^{2+}の形で溶存できる．これが酸素と触れると，錆ができるのと同じ反応で酸化され，Fe_2O_3となる．Fe_2O_3は鉱物として海の底に沈殿してしまう．Fe_2O_3のなかの鉄は3価である．これら海洋に溶存していた還元物質が酸化されつくされて初めて酸素が海洋に蓄えられる．その場合でもシアノバクテリアの活動がない深海では無酸素の状態が保たれ，Fe^{2+}が蓄積され続ける（図70の下図の点線より下側）．表層海洋に飽和した酸素は，やがて大気に放出され，徐々に大気に酸素が蓄えられていくことになる．

こうして海洋の酸化，大気の酸化が起こり，23億年前を境に，急激に酸素が大気に蓄えられたと，ハーバード大学のホーランド博士は提唱してきている．ホーランド博士のモデルは多くの研究者に支持されてきている．ホーランド博士の考えによると，23億年前までは酸素は10^{-23}気圧分しか大気に存在せず，23億年前ころに一斉に大気の酸化が起こったとされる．この23億年前ころの大気の酸化はGOE（great oxidation event：大気大酸化事変）とよばれている．その後は，徐々に酸素濃度を増しながら高酸素濃度を維持してきたと考えている．

生物活動が増加し，大気中の二酸化炭素を生物の体に変換していくと，大気の二酸化炭素濃度は減少していく．23億年前ころでも太陽は，まだ暗かったと考えれている．二酸化炭素という温室効果ガスを失った地球では寒冷化が進行する．その結果，23～22億年前ころに地球上で大規模な氷河活動が起こっ

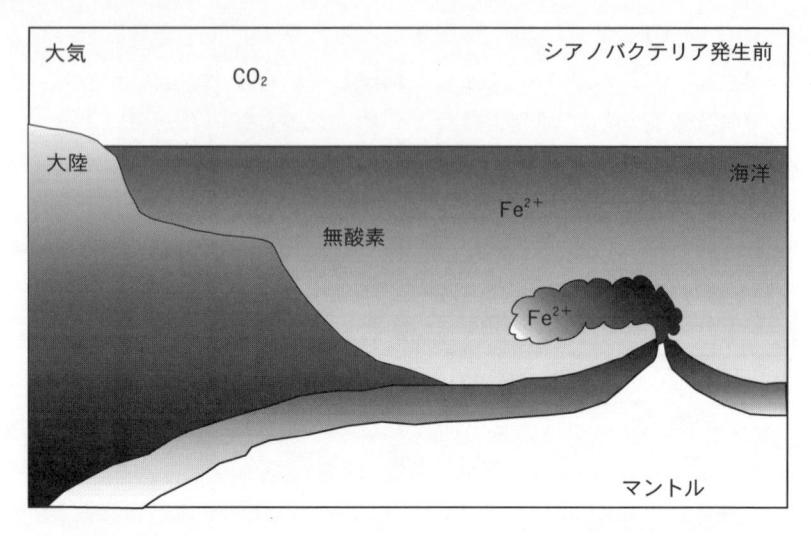

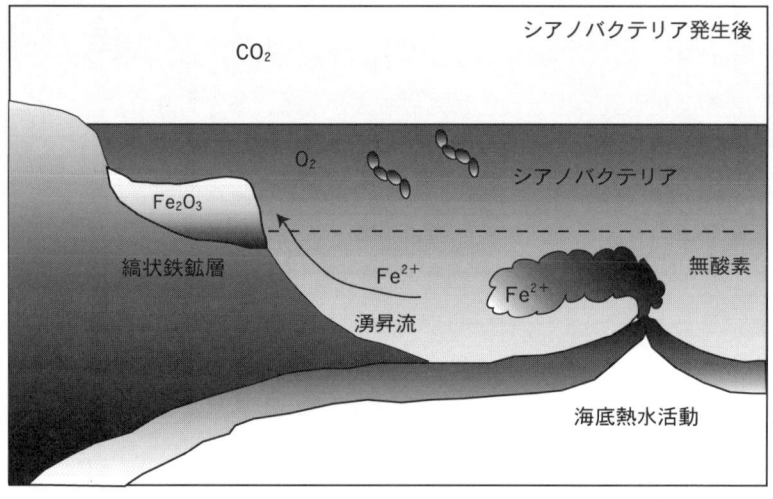

図70　シアノバクテリア発生前後の海洋環境

たと考えられている（図44）．この氷河期をヒューロニアンの氷河期とよぶ．大気の二酸化炭素濃度が大きく減少した時期と整合的である．ホーランド博士のモデルに従うと，シアノバクテリアが大気組成を変えてしまったために大規模な氷河が起こったことになる．これに対して，前述の大本博士は，大気酸素

増加も23億年よりもはるか前に起こったとする斬新的な説を提唱してきているが，少数意見である．

　大気の酸素濃度が増加すると，それに伴い**オゾン層**が形成される．すると生物にとって有害な紫外線などが遮断され，地球表層で生命体が安心して暮らせる環境が整う．生物自身の手によって，生物が住みやすい環境に変えられたわけである．シアノバクテリアの発生がなければ地球の生命体は紫外線の届かない深海や大陸地下深部などに限られていたかもしれない．その場合，酸素を必要とする大型動物も発生することはなく，地球は今でも微生物だけが生息する惑星だったかもしれない．

　その一方で酸素は多くの生物にとって毒である．最古の生物であったと考えられるメタン生成菌が，その例である．メタン生成菌は酸素がある環境では死滅してしまう．そのために現在では，無酸素環境が保たれる海洋底や湖などの堆積物深部などでしか生息できない．メタン生成菌以外にも，酸素が充満してしまった表層環境から海洋底堆積物や地殻内部に，生息場所を移さなければならなくなった微生物も多数存在する．

6.2.2　海洋の酸化と縞状鉄鉱層

　現在の地球は大気のみならず，浅い海，深い海ともに酸素に満ちあふれている．大気の酸素が**海流**によって浅い海から深い海へと運ばれるシステムが存在するからである．地球にはさまざまな規模の海流が存在する．もっとも大きなものは全地球規模での海流であり，約2000年をかけて地球を1周する．この過程で深層水と浅層水は混合し，酸素が深海にもたらされる．すなわち海流が存在するかぎり，地球上の海洋環境においては，どのような深い場所でも酸素が運ばれるシステムが存在することになる．

　中央海嶺などの海底熱水活動が起こっている地域では，海水中に多量の鉄が放出される．ほとんどの鉄イオンは海底の熱水噴出孔周辺に黄鉄鉱や黄銅鉱といった硫化鉱物として沈殿してしまう．鉱物にならなかった鉄イオンは，ブラックスモーカーから広がった熱水プルームとして遠方に運ばれる．熱水プルーム内部は海水と異なる化学組成を保持できる（図55）．熱水プルームが海洋の中を広がっていくのに伴い，海洋中の溶在酸素と反応し，鉄イオンは酸化鉄と

して沈殿してしまう．すなわち，現在の酸素を含んだ海洋環境では，熱水プルーム内部など限られた場所を除き，鉄は海水中で溶在イオンとして存在できないのである．

しかしシアノバクテリア発生前の大気と海洋は，ともに酸素のない状態であったと考えられている．こうした海洋では鉄の酸化は起こらない．酸化されずに残った鉄は，海洋に Fe^{2+} という形で溶けたまま，濃度が増していくことになる．シアノバクテリアが発生し，表層海洋に酸素が蓄えられるようになると，鉄の酸化が開始される．すると，海洋に多量の鉄酸化物が沈殿し，鉄に富んだ海洋堆積物をつくる．

シアノバクテリアの活動は有光層に限られていたであろう．海洋が徐々に酸化されていくなかで，深海は長い間，無酸素の状態が続いたと考えられる．深海の酸化がもっとも遅く起こったとされる（図70）．こうした無酸素の海洋には鉄が溶けることが可能である．海流が酸素を深海に運んでも，還元物質がたまっている深海で酸素はすぐに消費されてしまう．その結果，深海は長期にわたり，無酸素状態に保たれてしまう．

海流のなかには**湧昇流**とよばれる深海から浅海へかけて流れる動きもある．これは深層水が大陸灘を駆け上り浅海にまでもたらされる流れである．現在の日本列島周辺でもこの湧昇流が普通にみられる．この湧昇流は深海に溶けている化学成分を浅い海に運ぶパイプの役目をしている．太古代後期の無酸素で鉄や他の成分（シリカなど）を多く含んだ深層水が，湧昇流に乗って浅海にもたらされると，そこで酸素と反応することになる．浅い海ではシアノバクテリアが盛んに酸素をつくっているからである．すると Fe^{2+} の酸化が一斉に起こり，鉱物が形成され，その結果，浅海の海底には鉄に富んだ沈殿物が形成される（図70）．湧昇流に溶けていた他の成分（おもにシリカ）も順次沈殿する．すると鉄に富んだ層と，シリカに富んだ層が交互に出現し，縞々の模様をつくる．こうした堆積物のことを**縞状鉄鉱層**とよぶ．

縞状鉄鉱層はオーストラリア，カナダ，アフリカなどに多量に産する（図71）．10^{10}〜10^{13} トン以上もの鉄が縞状鉄鉱層として沈殿したと考えられている．縞状鉄鉱層は鉄の品位が高く，われわれの重要な鉄の資源となっている鉄の鉱床である．縞状鉄鉱層は，太古代全般と，原生代前半を特徴づける海洋堆

6. 主役たちが共存しあう：生命と地球の共進化 • 163

38億年前の縞状鉄鉱層

25億年前の縞状鉄鉱層

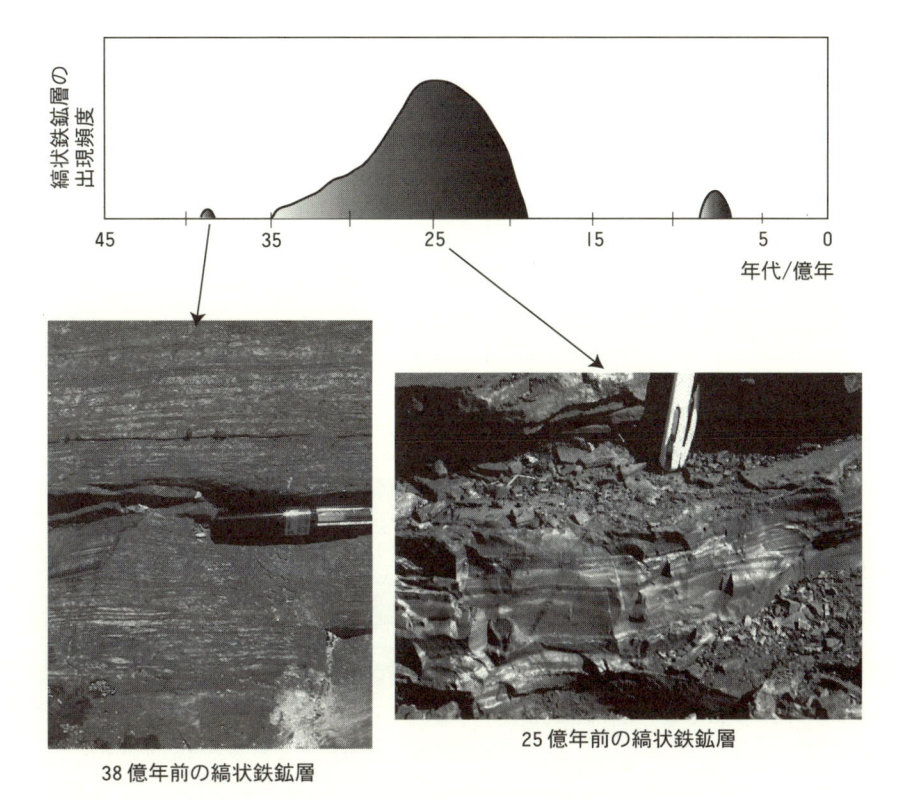

図71　縞状鉄鉱層の時代分布

積物である．この縞状鉄鉱層の出現頻度が高い年代とシアノバクテリア発生時期がしばしば結びつけて考えられてきた．ちょうど27〜25億年前ころ，多量の縞状鉄鉱層が他の時代に比べて多く堆積した時期が存在する．この時期にシアノバクテリアの活動が本格化し，十分な酸素が海洋に蓄えられ，多量の縞状鉄鉱層を形成したとするのが，古典的な解釈であった（図71）．

近年，27億年前の海洋底に堆積した泥の中にシアノバクテリアにしかつくれない化学物質（脂肪酸バイオマーカー）の断片が見い出され，シアノバクテリアが27億年よりも前に発生していたと考えられるようになってきた．少なくとも27億年前の海洋には幅広く存在したのであろう．27億年よりもはるか前の地層が分布するグリーンランド・イスア地域にみられたグラファイトがシ

アノバクテリアの死骸の一部だったとする説も存在する（6.1.1 参照）．だとすると，38億年前からシアノバクテリアが存在したことになる．確かに38億年前の年代を示す縞状鉄鉱層も存在し（図 71），シアノバクテリアはこのように古い時代においても海洋に溶存していた鉄を次から次へ酸化していったのかもしれない．いずれにしても，縞状鉄鉱層とシアノバクテリアの発生時期を結びつけるのは容易でない．

● コラム 20 ●

バイオマーカー

　地層の中に残る特定の化学物質で，かつてどの微生物が活発に活動していたかを示す物質を**バイオマーカー**とよぶ．一般に，微生物の細胞膜をつくる物質がバイオマーカーとして汎用されている．微生物の細胞膜は，リン脂質と脂肪酸で形成されている．リン脂質と脂肪酸はペアをつくり，それがセットになって細胞膜を形成する．この細胞膜は微生物の体の内部と外部環境を隔てる役目があり，さまざまな元素のやり取りを介するインタフェースとなる．微生物が死んだのちに，リン脂質は地層に残らない．脂肪酸は，地層が堆積後に被る作用によって化学組成を多少変化させるが，基本的に地層に残される．岩石が熱的な変成作用などを強く受けていない場合，こうした脂肪酸を地層から抽出することが可能になる．どのような種類の脂肪酸が抽出されるかによって，地層が形成されたときに活発であった微生物が特定できる．たとえば α-メチルホパンとよばれる脂肪酸が特定の地層から見つかれば，その地層堆積時にシアノバクテリアの活動があったと推察できる．

　縞状鉄鉱層の形成は20億年ころまで続く．20億年前後の大規模な縞状鉄鉱層として，カナダ・ガンフリント地域の縞状鉄鉱層が知られている．しかし，この20億年ころの縞状鉄鉱層を最後に海洋に縞状鉄鉱層は沈殿しなくなる．これは海洋が完全に酸化されたためと解釈されている．深い海にも酸素が行き届き，海水中における鉄の溶存を許さなくなったためと解釈されている．いってみれば，このころまでにシアノバクテリアによって酸素に満ちた地球が完成したのである．海洋の酸化が完了したころには，大気にも酸素が満ち，オゾン層も形成されていたと考えられている．

6. 主役たちが共存しあう：生命と地球の共進化　165

● コラム 21 ●

縞状鉄鉱層の鉱山

　縞状鉄鉱層は鉄に富んだ成分と，シリカ（SiO_2）に富んだ成分が互層をなして，ある厚さをもつ地層を形成している．なぜシリカと鉄を含んだ鉱物が交互に沈殿するのか諸説ある．海水温の季節変化（冬にシリカの沈殿，夏に鉄鉱物の沈殿）に対応しているとする説や，海底熱水活動の活発な時期（鉄鉱物の沈殿）と不活発な時期（シリカの沈殿）に対応しているとする説などがあるが，多くの研究者は懐疑的であり，謎のままである．

　鉄資源として縞状鉄鉱層を採掘する場合，シリカ成分は不要となる．縞状鉄鉱層は，地層の形成後，変成作用などによって，しばしばシリカ成分が溶脱していることがある．その結果，鉄成分の品位が高くなった層が形成される．縞状鉄鉱層から鉄を採掘している鉱山は，とくに鉄の品位が高まった場所を選択的に採掘している．そのほうが，後でシリカを除外する手間と経費がかからないからであ

25億年前の縞状鉄鉱層（オーストラリア）

縞状鉄鉱層から鉄を採掘する鉱山（南アフリカ）

27億年前の縞状鉄鉱層（カナダ）　2 m

図72　縞状鉄鉱層の鉱山

る．

　オーストラリアのニューマンやトムプライスとよばれる町は，まさに鉄の鉱山町である（図67）．この地域に産する25億年前後の縞状鉄鉱層は，数百〜数キロメートルの厚さをもち，連続的に堆積している特徴がある．採掘された縞状鉄鉱層はインド洋に面した港町に鉄道で運ばれ，やがて船でわが国などに輸出される．鉱山は地表から岩石を削っていき，横方向，縦方向に広がりをもったパラボラアンテナのような巨大な穴を掘っていく（図72右上）．鉄の入った鉱物として，Fe_3O_4，Fe_2O_3，$FeCO_3$ などがある．場所によっては鉄でなくマンガン酸化物を主体にした鉱床も南アフリカ（マンガノア鉱山）などに存在する．23〜22億年前の海洋からマンガンが酸化物として沈殿し鉱床を形成したと考えられている．マンガン鉱のなかには東北大学名誉教授である渡辺万次郎博士の名前が付けられた万次郎鉱もある．マンガンイオンも鉄イオンと同じように無酸素海洋で溶在できる．マンガン酸化物の沈殿には鉄酸化物の沈殿よりも多くの溶在酸素が必要である．逆に南アフリカのマンガン層は，当時の海洋にマンガン酸化物をつくるのに十分な量の酸素があった証拠，大規模に海洋が酸化された証拠と考える研究者もいる．

6.2.3　微生物の多様性：住み分けの開始

　現在の海洋環境には多種多様な微生物が生息している．微生物どうしは栄養分や電子受容体，電子供与体の取り合いをし，結果的に住み分けを余儀なくされている．微生物の住み分けがもっとも顕著になるのが，海洋堆積物の深部である．

　現在の海洋堆積物は表層から深い層にかけて微生物層が大きく変化する．表層付近には貝やゴカイなどの動物が生息している場合が多く，常に泥を撹拌している（図73）．動物によって海洋堆積物が撹拌されるゾーンはバイオターベーション・ゾーンもしくは生物擾乱層とよばれている．このゾーンは数〜数十センチメートルの深さに及び，堆積物の中にしみ込んでいる水は，常に海水と混ざっているので，海水と同じような組成をしている．そこには酸素も溶在し，酸素を必要とする微生物が生息している．酸素を必要とする微生物は**好気性微生物**とよばれる．

　この生物擾乱層より下部の堆積物にも水がしみ込んでいるが，上層で酸素が

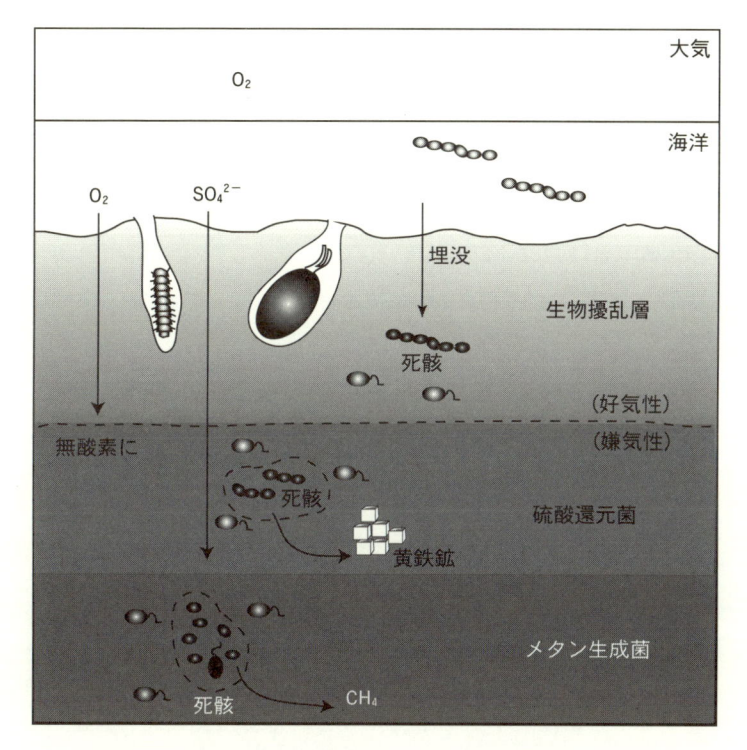

6. 主役たちが共存しあう：生命と地球の共進化 • 167

図73　現在の海洋堆積物の中での微生物の住み分け

消費されてしまう．そのために，ある深さより下では無酸素の状態になる．無酸素の状態では，酸素があると生きられない微生物が活動する．無酸素状態で活動する微生物を**嫌気性微生物**とよぶ．硫酸還元菌やメタン生成菌などが嫌気性微生物の典型例である．嫌気ゾーンのなかでも上層は硫酸還元菌，下方はメタン生成菌が支配的微生物として住み分けを行っている．こうした住み分けの結果，海洋堆積物の隙間にしみ込んでいる水に溶けている成分は，浅所から深部にかけて大きく変化する．

　多くの炭素，硫黄の安定同位体組成研究から，27～25億年前の海洋堆積物に，好気性微生物と嫌気性微生物（硫酸還元菌やメタン生成菌）の活動痕跡がみられることがわかってきた．これらの時代には動物はいないので，生物擾乱層は存在しない．しかし，現在の海洋環境でみられる微生物の多様性が，すで

に太古代後期もしくはそれよりも前には確立され，それが堆積物の中に記録されているのである．生命発生後，その多様性を増し，互いに生き残るために住み分けをという選択肢をとったのであろう．

6.2.4 真核生物の本格的活動

　真核生物は真正細菌や古細菌に比べ，より進化した生命体と考えられている．真核生物の多くは，単細胞生物としてではなく，動物などの多細胞生物として生息する．真核生物は，自らの細胞の中に核を有する．この核にはDNA，RNAなど遺伝情報を伝達するうえで重要な物質が蓄えられている．核は紫外線に非常に敏感で，紫外線を浴びる環境では簡単に壊されてしまう．すなわち，真核生物が地球表層で活動するためには，宇宙から降り注ぐ紫外線から守られなければならない．シアノバクテリアが発生するまで地球表面には，容赦なく紫外線が注ぎ込まれていたであろう．紫外線を地球表層に降り注がなくさせるには，オゾン層形成がもっとも効率よい方法である．シアノバクテリアによってつくられた酸素を用いて初めてオゾン層が形成されることになる．

　それでは，真核生物は地球の歴史のなかで，いつごろ登場したのであろう．カナダ・アメリカ国境にある5大湖周辺で真核生物の化石が見つかっている．アメリカ側のミシガン州で糸状の微小化石が発見されたのが最初のものである．これは22億年前の地層中に見つかった．5大湖のスペリオル湖西海岸にサンダーベイとよばれる町がある．この周辺に22～20億年前後にかけて堆積した海洋堆積物が分布している．そのうちのひとつがガンフリント層とよばれる縞状鉄鉱層や有機炭素を多量に含んだ頁岩の地層である．このガンフリント層のチャートのなかに，微化石状の物質が見つかった．それも単なる微化石でなく，丸い形をし，その中心には核をもつ組織が認められた．すなわち真核生物のように見える．なかには，細胞が分裂するような組織すら認められるものがあった．こうした発見が1970年代に行われ，真核生物が出現したのも22～20億年前ころであろうと考えられてきた．また真核生物の出現は，そのまま大気にオゾン層が形成された時期と読み替えることができる．このことから，大気に酸素がふんだんに含まれるようになったのは，22億年前ころではないかと考えられるきっかけをつくった．

微化石状の真核生物がみられるのは確かに 22 億年以降の地層である．しかし，それより古い地層からも真核生物の活動を示す化学物質である脂肪酸バイオマーカーが見つかった．オーストラリア・ピルバラ地域の 27 億年前の有機炭素に富んだ頁岩の中に，そのバイオマーカーがあった．すなわち，27 億年前にはすでに真核生物が出現していたことになる．どのような場所で，どのような広がりをもって 27 億年前に真核生物が活動していたか定かでない．27 億年前に真核生物の活動があったことを疑う研究者も多い．

6.2.5 酸化的環境下での元素循環の確立

現在の海洋に溶けている無機的な成分は，おもに大陸の風化によってもたらされる．たとえば海洋微生物が使うリン（P）は，大陸地殻中のアパタイト（$Ca_5(PO_4)_3(OH)$）とよばれる鉱物が元になってる．大陸が風化され雨水や地下水に溶けてリン酸となる．このリン酸が河川水によって海洋に運ばれ，海洋環境に蓄積する．海底熱水活動で放出される鉄が酸化されるときにリン酸もともに沈殿したり，海洋地殻と海水の反応で海洋地殻に蓄積される．これが，おもなリンの無機的沈殿メカニズムである．また海に漂う生物がリン酸を使い，死骸が堆積物として海洋底に積もるとやはりリンは海洋から取り除かれる．プレートテクトニクスの動きによって，海洋から取り除かれたリンはふたたび大陸環境に戻されてリサイクルする．すると一筆書きをするようにリンの地球表層環境における循環が成り立つことになり，これを**元素循環**とよぶ．

こうした地球表層環境における元素循環は，ほとんどすべての元素に関して成り立つ．とくに硫黄の元素循環に対する関心が近年高まってきている．地球表層における硫黄の元素循環が大気酸素濃度の増加と深く結びついているという，アメリカのファークハー博士の提案による．

a. 現在の地球表層での硫黄循環

硫黄（S）は現在の地球表層を元素循環している．スタートはやはり大陸地殻である．大陸に含まれる FeS_2，$CaSO_4$ といった鉱物が酸素を含んだ雨水で酸化されて溶かされ，硫酸イオン（SO_4^{2-}）になる．これが河川水で運ばれて，海洋に蓄積していく．海洋に運ばれた硫酸イオンはおもに微生物活動によって消費される．海洋堆積物の中にバイオミネラライゼーションによって取り込ま

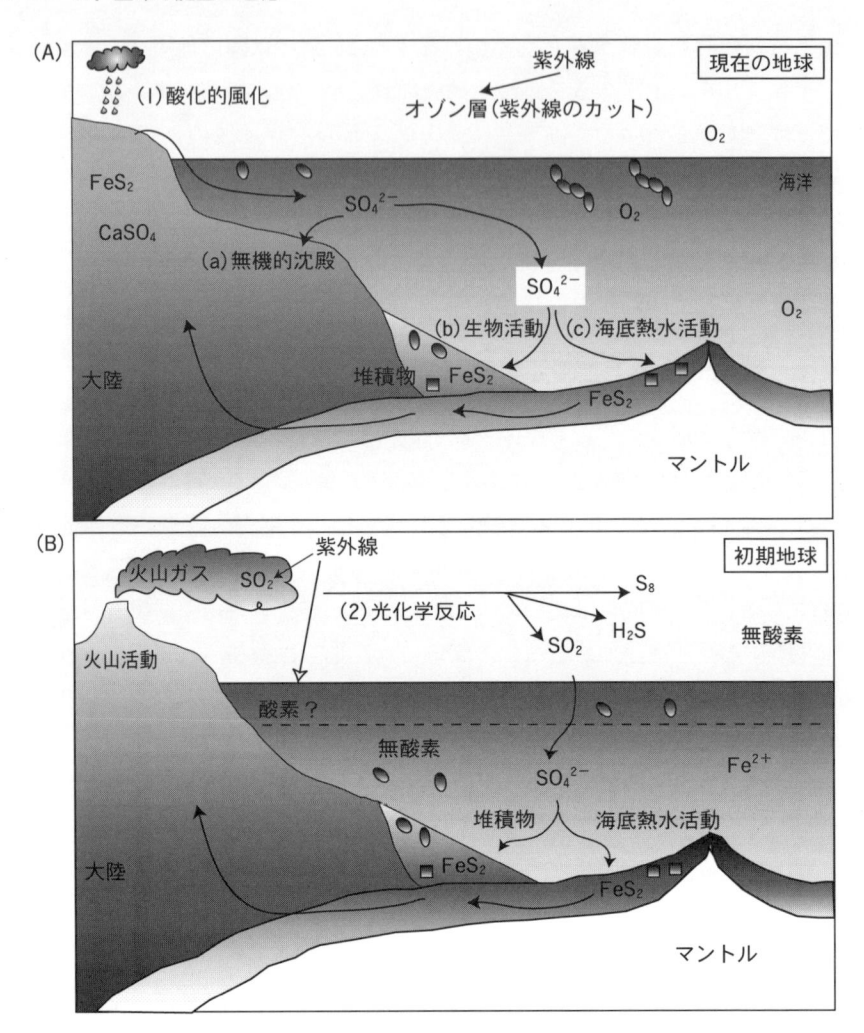

図 74 現在と初期地球環境における硫黄の元素循環

れる（図 74 A 中の b のプロセス）．温暖な海域では Ca^{2+} と結合し，鉱物として無機的に沈殿する（同図 a のプロセス）．海底熱水活動によっても海洋地殻に固定される（同図 c のプロセス）．こうして海洋地殻・堆積物などに固定された硫黄は，プレートの動きとともにふたたび大陸に戻される．あるものは沈み込み，火山活動によって地表にもたらされる．この一連の流れのなかで重要

なのが，大陸の風化，酸素を含んだ雨水による酸化である．

b. 初期地球における硫黄循環

シアノバクテリアが初期地球大気を酸化する前の環境では，現在とは異なった硫黄の元素循環が起こらざるをえない．無酸素状態では大陸の風化によってSO_4^{2-}を形成しにくいからである．大陸からSO_4^{2-}が供給されないと海洋はSO_4^{2-}に乏しい状態になる．それでは，初期地球環境において硫黄の元素循環を支えていたものは何か？　初期地球環境では，現在よりも火山活動が激しかったと考えられている．この火山活動で放出される硫黄が硫黄循環のスタートになる．高温火山ガスの中には二酸化硫黄（SO_2）ガス（亜硫酸ガス）が含まれる．大気に酸素がない場合，オゾン層が形成されないため，地表まで紫外線が注ぐことになる．SO_2ガスは紫外線を吸収し，その結果，SO_2が硫化水素（H_2S）とSに分離する反応が促進される．一部のSO_2は反応後も残る．現在でも大規模な火山活動が起こって超高層環境まで火山ガスが到達すると，こうした紫外線による**光化学反応**が起こることが知られている．1991年にフィリピンのピナツボ火山が大噴火した際に，多くのSO_2ガスが大気に放出された．噴火規模が大きかったためにSO_2を含んだ火山ガスは超高層環境に達し，光化学反応を起こしたことが知られている．

初期地球環境では超高層大気まで到達しなくても，こうした光化学反応が地球表面で普通に起こっていたと考えられる．十分な紫外線をあびたSO_2，H_2SやSが海に溶けていく．海洋に溶けた硫黄成分は，海底熱水活動や生物活動によって海底堆積物などに取り込まれ，海洋から除去される．初期地球環境では，こうした火山ガスと紫外線をキーワードとした硫黄の循環が行われていたと考えられている（図74B）．現在の硫黄循環との違いは大陸の酸化的風化をスタートにしていないところにある．

大気にオゾン層が形成されれば紫外線は遮断され，光化学反応の規模は無視できる範囲に留まる．また大気が完全に酸化されれば，現在と同じ大陸の風化をスタートとする元素循環が始まる．そうした硫黄の元素循環の大変化が起こったのが23億年前であるとする考えが，多くの研究者に受け入れられている．やはりここでも，シアノバクテリアが大気を酸化させることで元素循環を変えてしまったわけである．

● コラム 22 ●

初期地球環境だけで起こった質量非依存性同位体分別

　紫外線による光化学反応の痕跡は硫黄の安定同位体組成にも現れる．地球科学者がおもに扱う硫黄安定同位体として ^{32}S, ^{33}S, ^{34}S がある．たとえば SO_2 が H_2S になるときに，**安定同位体の分別**が起こる．H_2S 側に ^{32}S が分別されやすく，SO_2 側に ^{34}S が残りやすい．^{32}S が分別された量に比例して ^{33}S も H_2S 側に分別される．こうして異なった同位体が比例関係を保って分別される現象を質量依存性同位体分別とよぶ．それに対して光化学反応で SO_2 から H_2S や S が生ずる場合は，質量非依存性同位体分別が起こる．この場合は ^{33}S や ^{32}S の分別に関しては，お互いの同位体の存在度に比例した分別は起こらない．

　アメリカのファークハー博士の詳細な分析と解析によって，質量非依存性同位体分別を受けた硫黄が 38～23 億年の間の地層に見い出されている．その後の時代の地層には，光化学反応の痕跡がみられない．ファークハー博士は 23 億年前までは火山ガスを出発点にした硫黄循環があり，大気を経由し紫外線による光化学反応に支配された硫黄循環が存在したと提案している．実際，23 億年以降の地層から質量非依存性同位体分別を受けた硫黄は見い出されていない．そうした分析結果は 23 億年よりも後では，大陸の風化が硫黄循環のスタートとなったと見なせる．これは大気に酸素が急増したと考えられる時期（GOE：6.2.1 項参照）と符合している．

第7章

生命存亡の危機と動物の発生

7.1 スノーボールアース

　40億年前ころに起こった生命の発生，古細菌，真正細菌の活動開始，シアノバクテリアによる酸素生産，それに伴う地球表層の酸化，真核生物の発生と，生命体は初期地球環境のなかで確実に進化していった．大気に酸素が満ち，オゾン層が形成されるようになると，古細菌，真正細菌，真核生物がそれぞれに適した環境で地球に広く蔓延していった．真核生物の大規模活動がみられるのが20億年前ころであり，生命発生以来，約20億年もかけて生命はゆっくりと進化していった．この進化が停滞するような時代が，20億年前から7億年前にかけて起こる．微生物天国である．地球と微生物が，共存している状態を好み，変化を望まない時代だったかもしれない．

　しかし7〜6億年ほど前に，地球史のなかで生命最大の危機を迎える．いわゆる**全球凍結**とよばれる事変である．今から7〜6億年前ころに，全地球規模で寒冷化が起こり，それが極端に進行し，地球全体が氷河に覆われてしまったとするのが**スノーボールアース**（雪玉地球）である．

　現在の地球の南極，北極周辺は厚い氷河で覆われている．この氷河は長年降り積もった雪が氷の固まりとなり，1〜3 kmの厚さをもつまでに至ったものである（図8）．高い山から低い平野にかけて川の水が流れるように，氷河にも流れができる．年間数メートルというゆっくりとした流れではある．しばし

ば地球の温暖化や寒冷化が議論される．寒冷化が進行するとこの南極や北極を覆っていた氷河はさらに成長し，その面積を増やす．

　地球表層の物質は太陽からのエネルギーをうまく吸収し，ある一定の温度を保つ．海水や大陸が太陽の光で温められるのは，そのエネルギーを蓄えているからである．しかし氷河で覆われた場所では，太陽からの光エネルギーを蓄えることはできない．氷河によって太陽の光が反射されるからである．仮に寒冷化が進み，南極，北極を覆っている氷河の面積が広がると，アルベドの低い地域が地球表層に広がることになる．氷河によって太陽の光エネルギーが反射され続けると，地球表層部はさらに寒冷化する．たいがいの場合，寒冷化には歯止めがかかり，もとに戻そうとする作用がはたらく．このような作用をフィードバック効果とよぶ．寒冷化が進むとそれを戻そうとして温暖化が進む．今度はその温暖化を食い止める寒冷化が進む．温暖化と寒冷化が何度も繰り返し，比較的気候変化の少ない状態に落ち着く．しかし，寒冷化の速度がきわめて速い場合は，フィードバック効果が十分でなく，さらに寒冷化が進行し，歯止めがきかなくなる．気候をコントロールしているメカニズムが暴走することになる．

　暴走効果が卓越すると，地球のほとんどが氷河に覆われてしまう．地球全体が氷河に覆われると，雪合戦のときの雪玉にみえるので，スノーボールアース（雪玉地球）というニックネームがつけられた．今から，7～6億年前に地球はこのスノーボールアースの状態に陥っていたと考えられている．それでは7～6億年前に地球全体が氷河で覆われたことが，どうしてわかるのであろうか？

　氷河は，その流れに沿って地殻を削り取りながら流れる．このときに条痕とよばれる傷を岩石表面に残す．岩の上をカギ爪で引っ掻いたような模様が刻まれる．氷河の流れに沿って，地殻を数キロメートルにわたり深く削り込み，しばしばフィヨルドとよばれる地形を形成する（図75）．氷河は一見，純白の氷のように見えるが，その内部には多量の土砂を含んでいる．氷河の末端で，氷河が解ける場所では，この土砂が一斉に堆積し，小山のような地形をつくる．この小山のような地形を**モレーン**とよぶ．

　氷河が海に注ぎ込み解かされると，氷河に含まれていた岩片が海水に放出されることになる．氷河には多量の細かな粘土も含まれており，この粘土が厚く

7. 生命存亡の危機と動物の発生 • 175

海底に降り積もる．それと同時に氷河には数メートルにも達する礫が含まれており，この礫も海洋に放出され海底に積もることになる．すなわち数マイクロメートル単位の径をもつ粘土と数センチから数メートルの径をもつ礫が海底に積もり，堆積岩を形成することになる．一般的な海洋環境では堆積物の粒子サ

図75　氷河で形成されるフィヨルドとモレーン

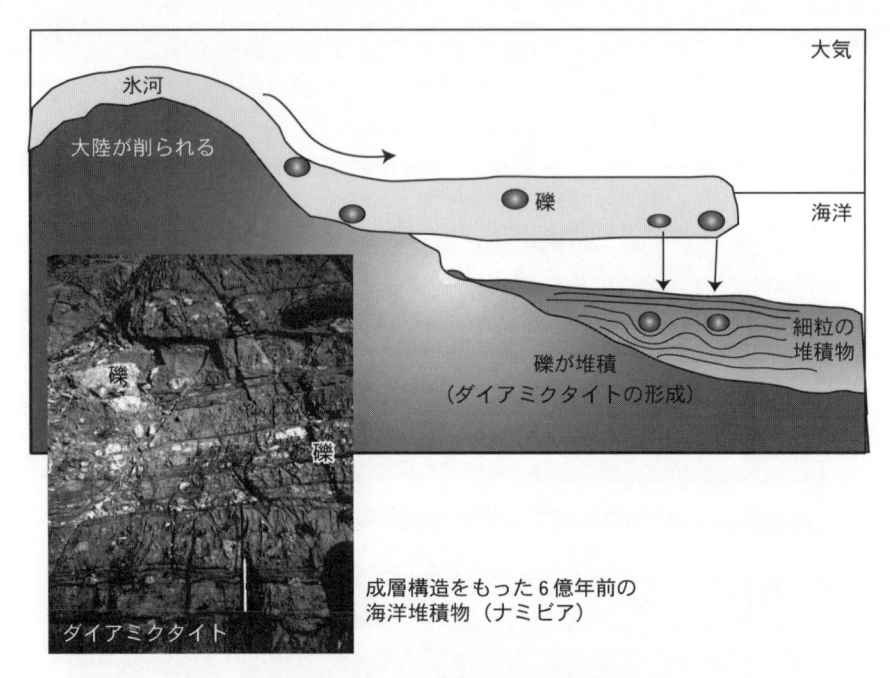

図中ラベル:
- 大気
- 氷河
- 大陸が削られる
- 礫
- 海洋
- 細粒の堆積物
- 礫が堆積（ダイアミクタイトの形成）
- ダイアミクタイト
- 成層構造をもった6億年前の海洋堆積物（ナミビア）

図76　ダイアミクタイトの形成モデルと6億年前のダイアミクタイト層

イズが分級され，粒子や礫の大きさが大きく異なったものが同時に堆積するのはまれである（図76）．氷河がこうした礫を海に運搬し，本来，礫が堆積しないような環境に礫を堆積させる．こうして形成された岩石を一般に氷河性**ダイアミクタイト**とよぶ．

7〜6億年前の地層は，カナダ・ニューファンドランド島，アメリカ・カリフォルニア州デスバレー，ナミビア・オタビ地域，オーストラリア・アマデウスベイズンに見られる．これら7〜6億年前の地層のほとんどはダイアミクタイトを含んでいる．このうち，オーストラリア・アマデウスベイズンの地層は，7億年前の赤道近くで形成された地層と考えられており，赤道近くまで氷河が張り出していた証拠とされている．すなわち，当時の海上では氷河が北極・南極から赤道まで広く分布していたことを意味し，地球上の至るところで，太陽光エネルギーをはね返し，地球がスノーボールアース状態に陥っていた証拠と考えられている．スノーボール状態に陥ると地球の平均気温は−50℃

まで落ち込む．

それでは，何が地球をスノーボール状態に落としいれたのであろうか？　寒冷化を促進させるのにもっとも効率の良い方法が，大気の二酸化炭素濃度を極端に下げることである．23億年前の地球で似た現象が起こったことはすでに述べた（図44）．大気の二酸化炭素濃度を下げるのに，ふたたびシアノバクテリアの助けを借りる．シアノバクテリアなどが，大気の二酸化炭素を消費すると二酸化炭素の温室効果が少なくなり，寒冷化が進行する．これがスノーボールアースのきっかけであったと考えられている．オゾン層をつくるなどして，生物を守ってきたはずのシアノバクテリアが，生命を危機にさらすという皮肉を生んだわけである．

スノーボールアースが起こると，全海洋が氷河で覆われ，有光層に太陽光が届かなくなる．すなわち，光合成反応によってエネルギーを得ていたシアノバクテリアが生きられない状態に陥るのである．それに伴い，シアノバクテリアのつくった酸素の恩恵を受けてきた他の生物たちも，危機的な状態に陥ることになる．

しかし，7～6億年前に多くの生物が生き残ることができたことをわれわれは知っている．すなわち全生命体を危機から救う作用がはたらいたわけである．地球をスノーボールアース状態から解放するためには，地球温暖化を起こさなければならない．温暖化を促進させるためには，大気の中の二酸化炭素量を増やさなければならない．ふたたび温室効果ガスを増やせばよいわけである．大気に二酸化炭素を増やすには火山活動に伴うガス放出が有効な手段である．スノーボールアースに陥った状態では，光合成反応で二酸化炭素は消費されない．その結果，大気中の二酸化炭素濃度は増加し続ける．やがて十分な温室効果が起こり地球表層が温められ，地球全体を覆っていた氷河が解けていく．細々と限られた場所で活動していた生物がふたたび活発に活動を始め，スノーボールアースから解放されたと考えられている．いってみれば，生命誕生以来，生命とともに歩んできた地球自身が，その内部のエネルギー放出（火山活動）によって生命の危機を救ったのである．

氷河に完全に覆われた地球で，多くの微生物はどのようにして生き残ったのであろうか？　深海の海底熱水環境に生きていた独立栄養化学合成生物は問題

なく生き残れる．シアノバクテリアはどうであろう．スノーボールアース仮説の提唱者であるカリフォルニア工科大学のカーシュビンク博士は，陸上火山の一部は，その熱のため氷河に覆われていなかったと考えている．そこには温泉が発達し，シアノバクテリアなど太陽の光を必要とする微生物は，温泉の中でほそぼそと生き延びたと考えている．現在の地球でも40～70℃の陸上温泉に多くのシアノバクテリアが生息している．氷河に覆われた火山地帯にも温泉が発達し，温泉の湖をつくっている．そこにも多くのシアノバクテリアが生息し，カーシュビンク博士の考えを支持している．

　23～22億年前にシアノバクテリアが大気二酸化炭素を消費したために，大規模な氷河活動が起こったことを述べた（図44）．このときにも地球がスノーボールアース状態になってしまったと考える研究者もいる．しかし23～22億年前の地層から得られる情報量は少なく，地球全体が氷河で覆われていたかは定かでない．

7.2　縞状鉄鉱層：ふたたび

　全海洋が氷河で覆われ光合成が停止してしまうと，海水の酸素濃度にも変化が起こる．地球全体が氷に覆われ，有光層がなくなった状態ではシアノバクテリアは酸素をつくることができない．そうした海洋環境では酸素は消費される一方で，最終的に無酸素状態に陥る．無酸素になった海洋に海底熱水活動によって鉄などを放出し続けることになる．無酸素海洋にはFe^{2+}が溶在可能であり（6.2.1項参照），こうしたFe^{2+}溶在は初期地球の海洋で起こったことである．先カンブリア時代の最後になってふたたび，同じ現象が繰り返されたわけである．海洋を覆っていた氷河が解けてふたたび光合成が開始されると，浅い海に酸素が蓄えられる（図70）．温暖化がさらに進行すると海流が流れ始める．すると鉄を多く含んだ深層水が湧昇流によって浅海にもたらされる．すると今まで深層海水に溶けていた鉄が酸化され，縞状鉄鉱層をつくることになる．7～6億年前のダイアミクタイトと同じ地層の中に縞状鉄鉱層がみられる（図71）．18億年前にいったん途絶えた縞状鉄鉱層が7～6億年前ころにふたたび出現するのである．

氷河で覆われた海洋の底には，多くの微生物の死骸が蓄積されたと考えられる．微生物が死ぬと微生物の体を構成していた成分の分解が始まり，微生物の体内にあったリンがリン酸として海洋に溶け出す．やはり酸素が乏しく生物活動が活発でない深層海洋には，リン酸濃度が増加していく．こうしたリン酸が湧昇流に乗って暖かい表層にもたらされると，一斉にリン酸を含んだ鉱物（お

• **コラム 23** •

原生代の隕石衝突と巨大マグマ活動

　原生代にも隕石衝突イベントはあった．18.5億年前に，カナダのサドベリーとよばれる地域に隕石が落下したと信じられている．ここは直径60km，短径25kmの楕円状の盆地（隕石孔？）状地形があり，その盆地は後の時代の堆積物で埋められている．隕石孔と信じられている盆地の周辺には多量の火山岩が見られる．隕石が落下したときに衝撃波がマントルまで達し，マントルを刺激し，多量のマグマが発生し，隕石孔周辺に噴出したと考えられている．この巨大マグマが地表近くに到達したときにニッケル（Ni）と硫黄（S）の化合物などの硫化鉱物を多量に沈殿させ，ニッケルの鉱床を形成した．このサドベリーには世界有数のニッケル鉱山があり，現在でも稼働している．隕石衝突孔周辺にはシャッター・コーンとよばれる組織が岩石の中に発達している．隕石衝突で起こされた衝撃波が地層中を伝搬し，岩石中にひずみをつくり，化石のような模様として残されている．

　南アフリカに見られるブッシュフェルト複合岩体も，巨大なマグマの活動の結果形成された．サドベリーと同様に隕石がマグマ活動のきっかけをつくったと考える研究者もいるが，定かではない．ブッシュフェルト複合岩体は21億年前に形成された．現在見られるのはハンレイ岩～マントルに近い組成の岩石である．東西400km，南北300kmに及ぶ広大な地域に分布している．すべてが一連のマグマ活動で形成され，サドベリーの50倍ものマグマが関与したと見積もられている．ブシュフェルト複合岩体は，マグマが固まる際に白金（Pt）が取り残されたり，逆にクロム（Cr）がマグマだまりの底に沈殿したりと，重要な金属元素の局所化が起こり，鉱床を形成している．そのため白金鉱山，クロム鉱山などが至るところに見られる．これら隕石の衝突や巨大マグマ活動が原生代の生物圏に与えた影響は，定かではない．

もにアパタイト）として沈殿する．興味深いのは，こうしたリン酸塩鉱物が全球凍結の終わった時代に浅海環境に多量に沈殿した痕跡が見られることである．沈殿した量が多量であったため，リンの鉱床となり，現在も採掘が行われている場所もある．全球凍結のイベントは，鉄のみならず，リンなど生物に深く結びついた元素の動きも変えてしまったのであろう．

7.3 カンブリア紀の生命大爆発：動物支配の開始

　微生物から多細胞動物への進化は原生代後半に行われていた．原始的動物の痕跡は，スノーボールアース前の10億年前の地層にも見られる．現在生きている動物に類似した動物化石は，スノーボールアース以降の地層にしか見られない．全球凍結は生物の進化の方向性を大きく変えてしまった．極低温の極限環境の危機を乗り越えた生命体は，やがてより酸素に依存し，より大きなエネルギーを必要とする生き物へ進化していく．先カンブリア時代の終わりころには，多量の動物が発生していく．5.9〜5.4億年前にかけて**エディアカラ生物群**とよばれる大型の化石が発見されている（図77）．エディアカラ生物群は最初，オーストラリアのアマデウスベイズンとよばれる地域のエディアカラ丘陵から多量に発見された．始源的な多細胞動物が化石化したものであると考えられている．イソギンチャクやクラゲの仲間，あるいは節足動物の仲間に分類する研究者もいるが，どの動物群にも属さない絶滅動物群であるとする研究者もいる．

　先カンブリア時代は5億4千5百万年前に終了する（図78）．この時代区分は，Phycodes属pedum種という動物の発生時期であり，Phycodes属pedum種の化石がみられる地層は顕生代に属する．Phycodes属pedum種は，海の底を這い回るゴカイのような生物で，Phycodes属pedum種自身の化石は残りにくい．しかし，砂地を這い回った跡が，そのまま化石化することがある．この這い回った跡の化石を**生痕化石**とよぶ（図79）．生物が活動していたことを示す間接的な化石である．カナダ・ニューファンドランド島に，この生痕化石が産出し，その地層が先カンブリア時代と顕生代の時代境界と定義されている．顕生代に入り，短い年月の間にPhycodes属pedum種以外のさまざ

7．生命存亡の危機と動物の発生 ● 181

エディアカラ生物化石
（東北大学総合学術博物館）

5 cm

図77　カンブリア紀の始まりを告げるエディアカラ化石

顕生代

先カンブリア時代

カナダ・ニューファンドランド島

図78　先カンブリア時代と顕生代の時代境界

182 • II. 生命の誕生と進化

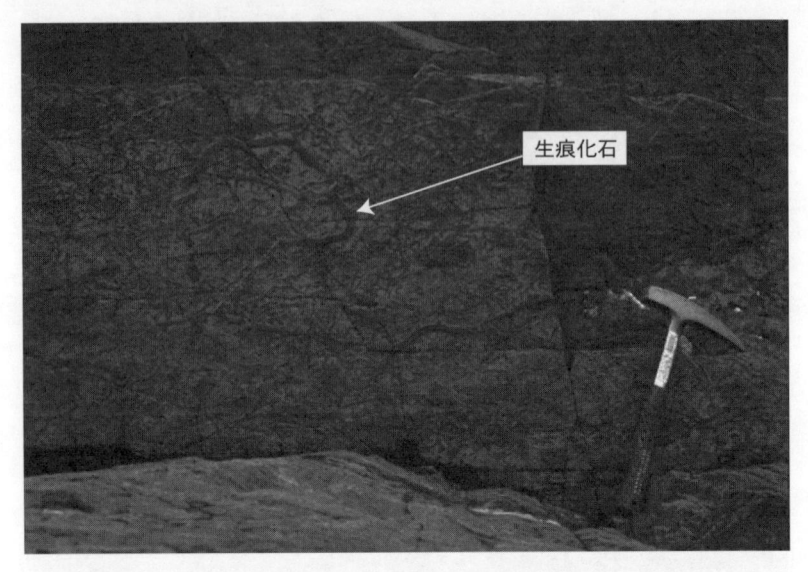

図79 カナダ・ニューファンドランド島に見られる生痕化石

まな動物化石が見られるようになる．やがて**カンブリア紀の大爆発**とよばれるイベントをひき起こす．いままで存在しなかった生命体が，時期を同じくして大量発生したイベントである．背骨に相当する脊椎をもった動物の発生もこのころと考えられている．それ以前は，微生物を主体にした生態系しか存在しなかったことを考えると，革命的進化といえる．なぜ小さな微生物からより大きな動物へ進化していったかの理由を説明する理論も発見も，いまのところ存在しない．

　その後も，生命は急速に高等化，大型化しながら進化していった．その間，二畳紀と三畳紀の時代境界における隕石の衝突と生物の大量絶滅などいくつかの危機を迎えるが，それを克服し，現在の姿に至っている．動物としての進化は，長い地球の歴史のなかでは短いものであり，地球における生命進化史はすなわち微生物進化史でもある．

第 III 部

太陽系に生命を求める：
生命起源説の検証

第8章

宇宙における生命の可能性

8.1 アストロバイオロジーとは？

　現在ほど，地球環境変動と人類活動の将来が問われている時代はない．しかし科学者も政治家も思想家も，われわれ人類が，どのような行動をすればよいか明確な指針を与えていない．これは地球における生命体の存在意義がよくわかっていないからである．近未来，地球がどうなるのか，生命体はどうなるのか，時間軸をさらに広げた遠未来どうなるのか，われわれは，自らの将来を未来予測することすらできない．こうした未来予測を可能にするためには，固体地球と生命体の進化に関する正しい理解と，両者の関係，相互作用，そのバランスを保つメカニズムなどを解明しなければならない．

　生命の発生や進化を研究対象に入れた地球科学の研究は，新しい研究分野といえる．そこでは従来の地球科学の知識だけでなく，化学，物理学，生物学の全知識を導入して取り組まなければならない．ノーベル賞受賞者の研究成果もここに大きく繁栄されなければならない．こうした研究分野は既存の分野を超えた学問分野に成長する可能性がある．そこには，「太陽系の起源」「惑星形成の原理」「生命発生の原理」という科学の根本問題にアプローチする精神がある．

　生命の誕生は，条件さえ整えば地球以外の惑星で起こってもおかしくない現象である．すなわち，われわれの研究視点を地球に限定するのでなく，宇宙に

まで空間軸を広げることで，その法則性や一般性，特異性を研究できるようになる．そうした宇宙全体を視野に生命と固体惑星の関係を研究しようとする新しい学問分野を**アストロバイオロジー**とよぶ．この新しい学問分野は，アメリカを中心に始まった．現在では世界中の大学や研究所でアストロバイオロジーの研究が盛んに行われるようになった．アストロバイオロジー研究によって，初期地球の表層環境やそこでの生物活動の様子が詳細にわかるようになってきた．地球外惑星の情報も格段に増えてきている．ここではそのなかで明らかにされつつある生命がいる（かついた）可能性のある惑星や衛星に関して紹介する．

8.2 火星に生命？

　地球に多くの火星隕石が飛来し，その種類や特徴はすでに解説した（1.4.5.a項参照）．そのなかに，火星での生物活動の痕跡が含まれている可能性のあるALH（アランヒル）84001隕石がある．これは1984年にアメリカ隊が南極のアラン・ヒルズという丘で見つけた隕石である．化学組成（とくに酸素同位体組成）が火星の組成と近いことから火星由来と考えられている．1998年，このALH 84001と名づけられた隕石をNASAのマッケイ博士が詳細に研究した．マッケイ博士は，試料に電子線を照射しマイクロからナノメートルの物質の形を観察する電子顕微鏡を用いて隕石を観察した．その結果，数マイクロメートル程度の大きさをもつ微生物のような形をした物質を発見した．マッケイ博士は，これが火星に生息していた微生物の化石であると結論した．この発見は，マッケイ博士の発見した物質が本当に火星微生物の化石か否かの大きな論争をよぶことになった．形だけで微生物であったか判定できるかが論点である．火星に生命がいたか確証を得るには，さらに多くのデータを積み重ねる必要がある．

　次にNASAがターゲットにしたのが，火星における水（海洋）の存在である．生命体にとって水の存在は絶対必要条件と考えたのである．現在の火星表面には水は液体として存在しない．かつて存在していたかもしれない水は蒸発したり火星深部にもぐってしまったと考えられている．水，とくに海水が蒸発する場合，海水に溶けていた塩分が鉱物として沈殿する．また水は周辺の岩石

と反応して変質作用を起こすことがある．その場合，水分子中の酸素が酸化剤として周辺の岩石を酸化することがある．2003年3月2日，NASAの火星探査車オポチュニティーが火星に大量の液体の水があった痕跡を示す証拠を発見した．オポチュニティーは，火星表面に分布する岩石に分光計をあて，岩石組成を調べたところ，鉄ミョウバン石（ジャロサイト）が含まれることを発見した．鉄ミョウバン石は現在の地球環境では酸性の湖や温泉，海水が蒸発するような環境に見られる鉱物であり，水がないと形成されない．また，"エル・キャピタン"と名づけられた岩石には小さな穴が見られた．これは，岩石中にあった結晶が浸食によって溶けた痕跡であると考えられている．最初にできた結晶は塩分濃度の高い海中で結晶化した塩などであるとされている．このほかにも，水の流れや，波の跡が化石化した斜交葉理とよばれる地層構造も見つかった．オポチュニティーはさらに探査を続行し，これらの岩石が塩湖や海の底で化学成分が沈殿することによってつくられたものであるのかなどを調べている．

8.3 木星・土星の衛星での有機化学反応

メタンとアンモニアが両方揃って存在する場合，アミノ酸などの生体有機分子が合成されやすく生命発生に都合がよい．木星，土星大気にはそれらが存在する．また木星の衛星のいくつかは今でも生命がいるのではないかと注目を集めている．土星の衛星のなかには，生命起源に関連した有機化学反応が起こっている可能性があるものがある．

8.3.1 エウロパ

木星の衛星のなかでとくに多くの関心を集めているのが**エウロパ**である．エウロパの表面は厚く氷で覆われている．5〜10 kmの厚さの氷と考えられている．この厚い氷の下には水深100〜200 kmにも及ぶ海があると考えられている．エウロパに近いイオで火山活動が起こっていることから，エウロパの海の底でも火山活動が起こっていると考えられている．海水の中で火山活動が起こっているとすると，海底熱水活動が期待される．5.1.7項で解説したように，

海底熱水活動が起こると，そこでは独立栄養化学合成が起こってもおかしくない環境となる．すなわち生命体が存在してもおかしくないわけである．こうしてエウロパの氷で覆われた海深くには初期地球に生息していたであろう生命体が存在する可能性がある．

8.3.2 タイタンに生命？

タイタンは直径約 5150 km と水星より大きく，太陽系の衛星で唯一，独自の大気をもつ．表面は氷点下 179°C と超低温の状態であるが，メタンの海が存在するのではないかと考えられている．タイタンを地球から望遠鏡で観たとき，タイタン自身が赤～青いリングで取り囲まれている様子が観察できる．こうした色は，タイタンの大気の化学組成に由来する．タイタンの大気の中には，グラファイト（C）や炭化水素のエアロゾルが浮遊しているためと考えられている．グラファイトや炭化水素が大気を浮遊すると，特異な光の散乱が生じる．するとどの方向から見ても，タイタンの大気は赤～青光りして見えることになる．このようなエアロゾルが大気中を浮遊し，霞のように見える現象は**オーガニック・ヘイズ**（organic haze；有機物の霞）とよばれている．それでは，このグラファイトはどうやってできたのであろうか？ タイタンの大気にはメタンガスが含まれている．このメタンガスは，宇宙からの紫外線によって分解される．すると，グラファイトと水素（条件によっては炭化水素）に分離してしまう．水素分子は質量が軽く，惑星や衛星の重力だけで大気にとどめておくことが難しい．結果として，水素分子は宇宙空間に逃げていき，グラファイトと炭化水素だけが大気に残る仕組みである．グラファイトや炭化水素だけでは，化学進化を押し進めることはできないが，ミラーの実験のような状態が実現できれば生命体を構成する有機分子の生成も十分期待される．

このタイタンにも欧州宇宙機関（ESA）や NASA が探査機を送り込んでいる．そのなかで土星探査機カッシーニから分離された小型探査機は，2005 年 1 月にタイタンの大気に突入し，さらに地表に到着しその画像を地球に送ることに成功した．この小型探査機によって 5～15 cm 大の氷が礫状に分布したり，炭化水素と思われる物質が堆積している様子が観察された．また同時期にカッシーニはタイタンの表面に火山地形を見い出した．タイタンの表層の状態から

それらは溶岩を噴出するような火山でなく，凍っていたメタンや氷などがタイタンの中心部からの熱エネルギーで解かされて噴出したものであると解釈されている．

参考文献

書籍

A. E. Ringwood, Composition and petrology of the earth's mantle, p. 618, McGraw-Hill, New York (1975)

A. E. Ringwood, Origin of the Earth and Moon, p. 295, Springer-Verlag, New York (1979)

D. C. Rubie, T. S. Duffy, E. Ohtani, ed., New developments in high pressure minerals physics and applicaitions to the earth's interior, p. 625, Elsevier B. V., Amsterdam (2004)

S. Nakashima, S. Maruyama, A. Brack, B. F. Windley, Geochemistry and the Origin of Life, Universal Academy Press, Tokyo (2001)

D. Heinrich, The chemical evolution of the atmosphere and oceans, Princeton University Press, Holland (1984)

J. J. Papike, Planetary materials, Mineralogical Society of America, Tokyo (1998)

S. R. Taylor, Solar system evolution: a new perspective, p. 307, Cambridge University Press, Cambridge (1992)

M. H. Manghnani, T. Yagi, ed., Properties of earth and planetary materials at high pressure and temperature, Geophysical Monograph 101, p. 562, American Geophysical Union, Washington, D. C. (1998)

井田 茂, 異形の惑星, NHKブックス, 日本放送出版協会 (2003)

丸山茂徳, 磯崎行雄, 生命と地球の歴史, 岩波新書, 岩波書店 (1998)

トーマス ゴールド著, 丸 武志訳, 未知なる地底高熱生物圏, 大月書店 (2000)

上田誠也, 新しい地球観, 岩波新書, 岩波書店 (1971)

黒田和夫, 17億年前の原子炉:核宇宙化学の最前線, 講談社サイエンティフィク (1988)

長沼 毅, 生命の星・エウロパ, NHKブックス, 日本放送出版協会 (2004)

丸山工作, 生化学をつくった人々, 裳華房 (2001)

大島泰郎，生命は熱水から始まった，東京化学同人（1995）
F. ハイデ，F. ヴロッカ著，野上長俊訳，隕石，シュプリンガー・フェアラーク東京（1996）
石川　統，山岸明彦，河野重行，渡辺雄一郎，大島泰郎，化学進化・細胞進化，岩波書店（2004）
石渡良志，山本正伸共編，有機地球化学，培風館（2004）
野津憲治，清水　洋共編，マントル・地殻の地球化学，培風館（2003）
渡辺　誠，佐藤　繁共編，放射光科学入門，東北大学出版会（2004）
竹内　均，水谷　仁，地球のしくみと進化の歴史：竹内　均の「地球惑星科学」講義，ニュートン別冊，ニュートンプレス（2004）
NHK「地球大進化」プロジェクト，46億年・人類への旅，日本放送出版協会（2004）
日経サイエンス編集部，異説・定説　生命の起源と進化，日経サイエンス（2003）

論　文

A. M. Dziewonski, D. L. Anderson, Seismic tomography of the earth's interior, *American Scientist*, **72**, 483-494 (1984)

A. Suzuki, E. Ohtani, T. Kato, Flotation of diamond in mantle melt at high pressure, *Scinece*, **269**, 216-218 (1995)

A. Abdiriyim, M. Kitamura, Growth morphology and change in growth conditions of a spinel-twinned natural diamond, *Crystal Growth*, I 286-I 290 (2002)

E. Ohtani, Water in the mantle, *Elements*, 25-30 (2005)

ウェブページ

NASA のページ：http://www.nasa.gov/about/highlights/index.html
JAXA のページ：http://www.jaxa.jp
海洋開発研究機構のページ：http://www.jamstec.go.jp/
東北大学理学部地球物質科学科のページ：
　http://www.ganko.tohoku.ac.jp/GankoJP/HomePage(JP).html
東北大学「地球科学」21世紀COEのページ：
　http://www.21coe.geophys.tohoku.ac.jp/

索引

■あ行

赤堀四郎 117
アーキア 141
アキモトアイト 34
アストロバイオロジー 186
アセノスフィア 62
アダムス-ウイリアムソンの式 59
圧縮率 20
アルベド 23, 107
安山岩 62
安定同位体 150
　——の分別 172
イエローストーン国立公園 135
イスア地域 98, 149
遺伝的乗っ取り 124
イトカワ 14
隕石重爆撃 56
隕鉄 25
ウイルソンサイクル 63
ウェゲナー 93
ヴェヒタースホイザー 127
ヴェーラー 111
ウォズレアイト 75
宇宙塵 13
宇宙存在度 6
海の化石 101
エウロパ 187
エクロジャイト 77
エコンドライト 25
エディアカラ生物群 180
黄鉄鉱 127

オーガニック・ヘイズ 188
オクロ現象 87
オゾン層 161
オパーリン 112
オフィオライト 63
親核種 5

■か行

海底熱水活動 129
海底熱水鉱床 133
海洋地殻 63
海流 161
化学進化 111
核 7, 17, 42
核酸 121
拡散クリープ 82
角閃岩 65
核分裂反応 7
核融合反応 7
花崗岩 63
火山岩 32
加水軟化 82
火星起源隕石 26
カソードルミネセンス法 78
合体 41
ガボン共和国 87
カミオカンデ 90
カムランド 90
ガリレオ衛星 21
カンブリア紀の大爆発 182
ガンフリント層 168
カンラン岩 68
キャスティング 109

凝縮過程 35
強親鉄元素のパラドックス 47
共通の祖先 142
巨大氷惑星 20
キラリティー 144
キンバライト 80
空孔 82
久野 久 92
暗い太陽のパラドックス 107
クラーク数 64
グリーンランド 98, 149
黒鉱 133
黒田和男 87
ケアンズ・スミス 118
ケイ酸塩鉱物 14
頁岩 101
嫌気性微生物 167
原始太陽系星雲 35
顕生代 4
原生代 4
元素循環 169
玄武岩 62
コアセルベート 125
コアセルベート説 125
広域変成作用 64
光化学反応 171
光学異性体 144
後期隕石重爆撃 98
好気性微生物 166
格子欠陥 82, 83
古細菌 141
コーサイト 32
小柴昌俊 90

コモンアンセスター	134, 141	深成岩	32	地殻	17, 42, 63
コールド・アクリーション	110	真正細菌	141	地殻内胚胎説	120
		親石元素	42	地殻熱流量	88
ゴールドシュミット	65	親鉄元素	42	地下生物	137
コールドプルーム	92	親銅元素	42	地下生物圏	138
コンドライト	25	スターダスト	13	地球化学	63
		スティショバイト	33	地球型惑星	7, 14, 17
■さ行		ストロマトライト	155	地球磁場	90
ザイフェルタイト	34	スノーボールアース	173	地球中心核	85
砂岩	101	スーパープルーム	85	チムニー	132
サドベリー	179	スピネル構造	73	中央海嶺	61
酸素	158	スラブ	62	超高圧変成岩	65, 79
酸素同位体組成	27	生痕化石	180	超好熱微生物	139
酸素分圧	43	静的な圧力発生法	51	超新星爆発	90
サンプルリターン計画	13, 24	セーガン	110	月起源隕石	30
シアノバクテリア	153	石質隕石	25	ティティウス-ボーデの法則	
ジオニュートリノ	89, 91	石鉄隕石	25		18
地震波	58	接触変成作用	64	転位	82
地震波速度不連続面	58, 76	ゼノリス	68, 70	転位クリープ	82
地震波トモグラフィー	84, 92	先カンブリア時代	4	電気伝導度	60
沈込み	62	全球凍結	173	電子供与体	157
質量非依存性同位体分別	172	線形流動	80	電子受容体	157
質量分析計	151	相転移	72	天然原子炉	87
磁場	20	相平衡図	73	電波望遠鏡	11
縞状鉄鉱層	162, 178			天文単位	18
下山 晃	24	■た行		同位体	4
ジャイアントインパクト	41, 53	ダイアミクタイト	176	島弧	62
		太古代	4	動的超高圧発生法	51
集積	41	堆積岩	63, 101	独立栄養化学合成	134
従属栄養生物	134	体積弾性率	20	独立栄養化学合成生物	135
シューメーカーレビー第9彗星	54	ダイナモ作用	91	独立栄養化学合成微生物	135
		ダイヤモンド	79	独立栄養生物	134
状態方程式	75	ダイヤモンドアンビル高圧装置	51	トランスフォーム断層	62
蒸発過程	35				
消滅核種	50	大陸移動説	92	■な行	
小惑星	22	大陸地殻	63	南極隕石	24
小惑星帯	22	多形	32	二段式ガス銃	52
触媒	124	縦波速度	74	ニッケルのパラドックス	44, 47
真核生物	141	タービダイト性堆積物	102		
親水コロイド	125	断熱温度分布	36	ニトロゲナーゼ	143

ニュートン流体	80	応	13	マントル	17, 42
ニューファンドランド島	176	フェルミ	87	マントル遷移層	58
ヌクレオシド	121	フォックス	118	マントル対流	80
ヌクレオチド	122	付加体	63	マントル捕獲岩	68
熱水	129	ブッシュフェルト複合岩体		水の沸点	129
熱膨張率	20		179	都城秋穂	92
粘土鉱物	118, 119	プライヤーの規則	29	ミラーの実験	113
ノースポール	152	ブラックスモーカー	132	娘核種	5
		プルームテクトニクス	93	冥王代	4
■は行		プレソーラーグレイン	7	メージャライト	34, 74
バイオマーカー	164	プレートテクトニクス	61	α-メチルホパン	164
バイオミネラライゼーション		プレートテクトニクス理論		木星型惑星	7, 17, 20
	157		92	モレーン	174
パイロライト	76	分子系統樹	141		
バクテリア	134	分子ふるい	119	■や行	
パスカル	75	分配係数	42	やまと隕石	24
パスツール	145	べき乗クリープ	80	有機物のスープ	122
パターソン	4	ベルセリウス	9	有光層	138
バッファ曲線	44	ペロブスカイト構造	74	湧昇流	162
バッファ効果	44	偏光顕微鏡	67	融触形	78
林 忠四郎	39	変質作用	130	ユーカリア	141
はやぶさ	14	変成岩	65	雪玉地球	173
原田 馨	118	変成作用	65	ユゴニオ	52
ハルツバージャイト	77	放射壊変	3	ユーリー	88, 115
半減期	5	放射光	67	ユーリー-クレイグ図	29
反射スペクトル	22	放射性同位体	5	ユーリー比	88
反応帯	130	放射性同位体年代測定法	4	ユーリー-ミラー型反応	13
ハンレイ岩	62, 65	捕獲岩	70	横波速度	74
微化石	150	ポストガーネット転移	74	吉田 勝	24
干潟における化学進化仮説		ポストスピネル転移	73		
	118	ポストペロブスカイト相	84	■ら行	
ピストンシリンダ高圧装置		ホットプルーム	92	リアクション・ゾーン	130
	51	ポリグリシン説	118	リソスフィア	62
微生物	134			リボ核酸	122
非線形流動	80	■ま行		リボソーム RNA	131
ビッグバン	3	マグマオーシャン	41, 48	硫化鉱物	132
ヒューロニアンの氷河期	160	枕状溶岩	101	硫酸	157
氷河運搬モデル	24	マーチソン隕石	145	流動則	80
ピルバラ地域	150	マルチアンビル高圧装置	51	リングウッダイト	75
フィッシャー・トロプシュ型反		万次郎鉱	166	累帯構造	78

礫岩	101	■英字		MUSES-C	14
レーザー衝撃法	52	ATP	123	Oddo-Harkinsの規則	7
レールガン	52	AU	18	PAH	10
		C1コンドライト存在度	6	RNA	123
■わ行		CAI	37	RNAワールド	121
惑星探査機	24	D″	83	RNAワールド仮説	122
和達清夫	92	DNA	123	SNC隕石	26
渡辺万次郎	166	HMバッファ	44	solar abundance	6
		I-タイプ	106	S-タイプ	106

地球・生命──その起源と進化

著者紹介

大谷栄治（おおたに えいじ）
1973年　東北大学理学部卒業，1978年名古屋大学大学院理学研究科博士課程修了．愛媛大学理学部助教授，東北大学理学部助教授などを経て1994年より現職．
現　在　東北大学大学院理学研究科・教授・理学博士
　　　　高圧下での物質科学研究に基づいて地球・惑星の内部構造と進化を研究している．好きな言葉は「多様性と普遍性」．惑星の構造と進化の多様性と普遍性を明らかにしたい．2003年より開始された東北大学21世紀COEプログラム「先端地球科学技術による地球の未来像創出」の拠点リーダー．
主な著書　「New Development in High-Pressure Mineral Physics and Applications to the Earth's Interior」（共編，エルゼビア出版，2004）

掛川　武（かけがわ たけし）
1988年　東北大学理学部卒業，1997年ペンシルヴァニア州立大学博士課程修了．東北大学理学部助手を経て2001年より現職．
現　在　東北大学大学院理学研究科・教授・Ph.D.
　　　　初期地球環境で形成された岩石や海底熱水での微生物活動などを精力的に研究し，生命誕生の秘密を探っている．2003年より開始された東北大学21世紀COEプログラム「先端地球科学技術による地球の未来像創出」の拠点サブリーダー．

NDC 450　　　　　　　　　　　　　　　　　　　検印廃止　　Ⓒ 2005

2005年11月1日　初版1刷発行
2019年3月1日　初版6刷発行

著　者　大谷栄治・掛川　武
発行者　南條光章
発行所　**共立出版株式会社**
　　　　［URL］www.kyoritsu-pub.co.jp　　　電　話　03-3947-2511（代表）
　　　　〒112-0006　東京都文京区小日向4-6-19　FAX　03-3944-8182（編集）
　　　　FAX　03-3947-2539（販売）
　　　　振替口座　00110-2-57035

印　刷　中央印刷
製　本　協栄製本　　　　　　　　　　　　　　　　　　　　Printed in Japan

ISBN 978-4-320-04645-0　　　　　　　　　　　　　　一般社団法人
　　　　　　　　　　　　　　　　　　　　　　　　　　自然科学書協会
　　　　　　　　　　　　　　　　　　　　　　　　　　会員

現代地球科学入門シリーズ 全16巻

編集: 大谷 栄治・長谷川 昭・花輪 公雄

世の中の多くの科学の書籍には，最先端の成果が紹介されているが，科学の進歩に伴って急速に時代遅れになり，専門書としての寿命が短い消耗品のような書籍が増えている。本シリーズは寿命の長い教科書，座右の書籍を目指して，現代の最先端の成果を紹介しつつ，時代を超えて基本となる基礎的な内容を厳選し丁寧にできるだけ詳しく解説する。本シリーズは，学部2〜4年生から大学院修士課程を対象とする教科書，そして専門分野を学び始めた学生が，大学院の入学試験などのために自習する際の参考書にもなるように工夫されている。さらに，地球惑星科学を学び始める学生や大学院生ばかりでなく，地球環境科学，天文学，宇宙科学，材料科学などの周辺分野を学ぶ学生・大学院生も対象とし，それぞれの分野の自習用の参考書として活用できる書籍を目指した。

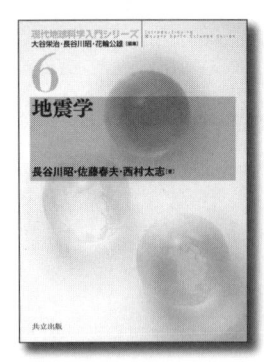

【各巻：A5判・上製本・税別本体価格】
※価格は変更される場合がございます※

共立出版
https://www.kyoritsu-pub.co.jp/
https://www.facebook.com/kyoritsu.pub

① **太陽・惑星系と地球**
佐々木 晶・土山 明・笠羽康正・大竹真紀子著
……………………… 2019年5月発売予定

② **太陽地球圏**
小野高幸・三好由純著 ……… 264頁・本体3,600円

③ **地球大気の科学**
田中 博著 ……………… 324頁・本体3,800円

④ **海洋の物理学**
花輪公雄著 ……………… 228頁・本体3,600円

⑤ **地球環境システム** 温室効果気体と地球温暖化
中澤高清・青木周司・森本真司著 294頁・本体3,800円

⑥ **地震学**
長谷川 昭・佐藤春夫・西村太志著 508頁・本体5,600円

⑦ **火山学**
吉田武義・西村太志・中村美千彦著 408頁・本体4,800円

⑧ **測地・津波**
藤本博己・三浦 哲・今村文彦著 228頁・本体3,400円

⑨ **地球のテクトニクスⅠ** 堆積学・変動地形学
箕浦幸治・池田安隆著 ……… 216頁・本体3,200円

⑩ **地球のテクトニクスⅡ** 構造地質学
金川久一著 ……………… 270頁・本体3,600円

⑪ **結晶学・鉱物学**
藤野清志著 ……………… 194頁・本体3,600円

⑫ **地球化学**
佐野有司・高橋嘉夫著 ……… 336頁・本体3,800円

⑬ **地球内部の物質科学**
大谷栄治著 ……………… 180頁・本体3,600円

⑭ **地球物質のレオロジーとダイナミクス**
唐戸俊一郎著 …………… 266頁・本体3,600円

⑮ **地球と生命** 地球環境と生物圏進化
掛川 武・海保邦夫著 ……… 238頁・本体3,400円

⑯ **岩石学**
榎並正樹著 ……………… 274頁・本体3,800円